자연과 사람을 공경하는
당신이 아름답습니다!

인간과 지구는 함께 살아가는 동반자입니다.
살림로하스는 개인의 건강뿐만 아니라 사회의 건강, 자연의 건강을 추구합니다.
잘 먹고 잘 사는 웰빙을 넘어 인류와 지구를 생각하는 작지만 큰 실천을 담고 있습니다.
지구도 살고 인간도 사는 로하스 라이프!
작은 습관의 변화가 큰 변화를 만들어 냅니다.

1. 먹을거리의 기본은 맛입니다. 몸에 좋은 먹을거리도 맛이 있어야 즐겁습니다.
   살림로하스는 좋은 재료 그 자체의 맛을 살리는 최소한의 레시피로 건강한 맛을 추구합니다.

2. 모든 먹을거리는 믿을 수 있는 재료로 만든 건강한 요리여야 합니다.
   살림로하스의 모든 레시피에는 몸에 좋지 않은 것은 아무것도 넣지 않아 걱정 없이 즐길 수 있습니다.

3. 요리는 즐거워야 합니다. 레시피에 얽매이다 보면 요리가 어렵게 느껴집니다.
   재료 중 준비하기 어려운 것은 비슷한 맛이 나는 것으로 대체하거나 넣지 않아도 괜찮습니다.
   좋아하는 재료를 더 넣어도 좋습니다. 살림로하스의 레시피를 가이드라인으로 삼아
   자기만의 요리 스타일을 살려 보세요. 단 요리 초보자라면 처음에는 레시피대로 하는 것이 좋습니다.

빵과 자연의 어울림

브런치&샌드위치 40가지

김보선

살림Life

에코人이 함께 만든 책!
먼저 읽어 봤어요!

김정현 | 강원도 강릉시 교1동

이 책은 바쁜 일상에서 간편한 식사를 원하지만 영양은 챙기고 싶어 하는 현대인들을 위한 제안이며 빵에 대한 편견을 버리고 샌드위치라도 건강하게 먹을 수 있는 방법을 알리는데 그 목적이 있다고 봅니다. '빵을 알자'와 같은 내용은 다른 책에서는 본 적이 없네요. 샌드위치 포장법도 소개해 좋았습니다. 전체적인 의도가 맘에 듭니다.

박종혁 | 경기도 광명시 철산동

이 책 덕분에 다양한 종류의 샌드위치를 접해 보게 되었습니다. 빵의 종류와 치즈의 종류가 상세하게 나와 있는 것도 좋았고요. 건강을 중시하는 사람, 샌드위치 마니아, 초·중·고등학생 자녀를 둔 주부에게 추천합니다.

양진희 | 안양시 동안구 귀안동

다양한 재료를 이용한 새로운 샌드위치들을 많이 선보인 것이 재미있었습니다. 빵을 맛있게 먹는 팁도 들어 있어서 더욱 실용적이라는 생각이 들었고요. 20~30대 싱글, 특히 여성들이 좋아할 것 같아요. 혼자 만들어 먹기도 편하고 남자친구와 피크닉갈 때 만들어 가도 좋겠어요. 요새 브런치가 유행인데 친구들을 집으로 초대할 때 활용하기도 좋아요.

윤진아 | 경기도 용인시 죽전2동

빠르고 간단하게 만들어 내는 샌드위치가 아니라 고급 샌드위치를 만든다는 점이 특징이네요. 원고가 아주 꼼꼼하게 작성되어서 샌드위치 만들기에 도움이 많이 됩니다. 궁금할 만한 부분은 대부분 팁 처리가 되어 있어 아주 만족스럽습니다. 수제 소시지 만드는 법까지 다뤄주신 부분은 감동 그 자체였습니다.

한영미 | 수원시 장안구 조원동

처음에는 손쉽게 할 수 있는 샌드위치를, 뒤로 갈수록 좀 더 시간과 노력이 필요한 샌드위치 만들기로 전개되는데 이 점은 요리를 어려워하는 사람들이 접근하기에 좋은 짜임이라고 생각합니다. 샌드위치 하나를 만들 때마다 생소한 재료가 한둘은 꼭 들어가던데 그 재료에 대한 설명이나 구입하는 방법, 대체 요령 등이 팁으로 나와 좋았습니다.

황미녕 | 대전시 유성구 어은동

다양한 샌드위치 재료에 대한 소개와 직접 만들어 볼 수 있는 과정이 핵심이네요. 단순히 레시피 위주가 아니라 재료별 영양, 맛, 어울리는 음식 등 여러 정보가 있어 꼭 만들어 먹지 않아도 생활에 도움이 될 것 같습니다.

※ 「살림로하스」 원고 모니터링에 참여해 주신 한살림, 파주두레생협, 마포두레생협 조합원 100여 분께 감사드립니다.

맛있고 몸에 좋은 샌드위치의 비결은 싱싱한 재료에 있다

 보통 '병을 부르는 올바르지 못한 식생활'이라는 말을 들으면 제일 먼저 떠오르는 음식이 있지요? 바로 '햄버거'입니다. 얼핏 보면 빵과 빵 사이에 고기와 야채, 치즈가 들어가 맛있고 영양도 좋을 것 같지만 알고 보면 대량 생산과 원가 절감을 위해 인공첨가물을 듬뿍 넣고 만들었기에 현대인의 건강을 위협하는 대표적인 음식이 되어 버렸지요.

하지만 인공첨가물이 들어가지 않은 빵에 전통방식으로 만든 천연치즈와 햄, 야채를 듬뿍 넣은 햄버거와 샌드위치는 모든 영양을 고루 섭취할 수 있는 맛있는 메뉴이지요. 결국 건강한 먹을거리는 어떤 재료를 써서 만드느냐에 따라 달라지는 것입니다.

 이 책을 준비하면서 건강하고 몸에 좋은 재료를 고르는 데 신경을 많이 썼습니다. 샌드위치를 만들 때 넣는 재료들을 맛과 영양 면에서 쉽게 이해할 수 있도록 각 재료의 특징과 더불어 같이 먹으면 좋은 식품에 대한 설명을 곁들였습니다.

재미있는 것은 샌드위치의 메뉴를 구상하면서 '이 재료로 만든 샌드위치에는 저 재료를 곁들이면 맛있겠다'라고 생각했던 것이 실제 영양적으로도 궁합이 잘 맞더라는 겁니다. 혀가 원하고 몸이 원하는 음식은 맛뿐 아니라 영양 균형까지 이리도 잘 맞으니 우리 몸은 얼마나 영리한가요. 그러니 독자 여러분도 요리를 할 때 너무 어렵게 영양을 따지기보다는 맛이 잘 어울릴 것 같은 재료들을 찾아내어 활용해 보세요. 틀림없이 영양적으로도 궁합이 잘 맞는 요리가 되어 있을 것입니다.

 이 책에서는 샌드위치에서 제일 중요한 빵 종류별로 샌드위치를 다양하게 소개했습니다. 빵도 개성이 강해 맛이 다양하고 샌드위치로 만들었을 때 어울리는 재료들도 다 제각각이지요. 게다가 요즘에는 천연효모를 이용해 만든 전통 유럽식 빵은 물론 우리가 자주 먹는 식빵도 호밀이나 단호박 등을 넣어 영양을 높인 다양한 빵이 나오고 있습니다.

이 책에서는 이런 다양한 빵의 특징을 먼저 알아보고 같이 먹으면 맛있는 식재료와 홈메이드 스타일의 스프레드 소스를 소개하고 어떻게 먹을 것인가에 대한 설명을 곁들였습니다. 또 도시락으로도 많이 활용하는 샌드위치의 특성상 시간이 지난 뒤 먹어도 맛을 유지할 수 있는 요령과 포장법도 같이 소개했으니 나들이를 갈 때 참고하면 더욱 좋을 듯합니다.

몸에 좋은 샌드위치는 절대로 거창한 요리가 아닙니다. 값싼 제철 야채를 듬뿍 넣고 인공적인 과정이 최소화된 재료들을 이용해 만들면 그게 바로 건강 샌드위치지요. 가족이나 친구, 애인 등 좋아하는 사람들의 얼굴을 떠올리며 만든다면 샌드위치가 한결 더 맛있을 겁니다.

김 보 선

한눈에 보는 레시피

Contents
차례

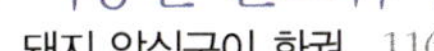

=360°
e diameter of a circle is 20Cm

CHAPTER 01

몸에 좋은 샌드위치에 대하여

포커 놀이에 푹 빠져 식사할 시간도 없었던 샌드위치 백작 덕에
이 맛있는 빵이 만들어졌다니 얼마나 고마운지…….
빵과 야채, 햄, 치즈 등과 맛을 더하는 스프레드가 조화를 이루는 샌드위치는
간식으로 즐기기에 적합하고 샐러드나 음료 등과 함께 하면 식사대용으로도 그만이다.
더구나 샌드위치는 특별한 솜씨가 없어도 재료 고르는 안목만 있다면 얼마든지 다양한 맛을 만들 수 있다.
기본적으로 탄수화물을 비롯해 각종 비타민과 무기질이 풍부하고 속 재료에 따라 영양이 달라진다.
눈도 즐겁고 입도 즐거운 맛있는 샌드위치 만들기, 지금부터 도전해 보자.

빵에 대해 알자

요즘은 베이글, 바게트 외에도 번, 포카치아, 치아바타 등 이름도 생소한 다양한 빵들이 선보이고 있다.
식도락의 세계가 점점 넓어지면서 일부 마니아층까지 거느린 인기 만점의 빵도 생겨났다.
모든 빵을 재탄생시키는 샌드위치는 빵의 특성을 잘 살리면 더욱 맛있게 만들 수 있다.
빵이 맛있어야 제대로 맛나는 샌드위치, 빵의 기본부터 차근차근 알아 보자.

샌드위치는 빵 맛이 좌우한다

샌드위치를 만들 때 가장 큰 비중을 차지하는 것은 바로 빵이다. 빵이 그리 다양하지 못했던 시절에는 식빵을 이용한 샌드위치가 전부였기에 안에 들어가는 내용물로 맛과 특징을 살렸지만 요즘은 다양한 빵들이 판매되고 있어 빵 자체의 맛을 잘 살리면서 이에 어울리는 내용물을 넣은 샌드위치가 인기이다.

유럽에서 파는 샌드위치를 보면 우리나라처럼 빵 속에 야채와 치즈, 햄 등 내용물이 수북이 들어 있는 것이 아니라 치즈나 햄만 들어간 단순한 것임을 알 수 있다. 이는 빵 자체가 맛있기 때문에 속 재료를 많이 넣지 않은 것이다. 그렇다면 맛있는 빵은 어떤 원리로 어떻게 만들어지는 것일까?

'맛있는 빵' 하면 봉긋하게 부푼 부드러운 빵이 생각날 것이다. 이렇게 빵이 잘 구워지려면 발효 과정을 거쳐야 한다. 이를 위해 제일 중요한 것이 바로 이스트(효모)이다. 따뜻한 물에 이스트와 설탕을 넣어 발효시킨 뒤 밀가루와 물, 소금 등을 넣고 함께 반죽하여 따뜻한 곳에서 1차 발효를 시킨다. 이때 넣는 설탕은 이스트의 양분이 되어 이스트가 더 활발히 활동할 수 있도록 도와준다. 1차 발효가 끝나 반죽이 약 2.5배 크기로 부풀어 오르면 가스를 빼고 다시 반죽하고 크기 분할과 모양을 만드는 과정을 거치면서 두세 차례 발효 과정과 휴식 과정을 끝낸 뒤 오븐에 구워 빵을 완성한다.

맛있는 빵, 어떻게 고를까?

맛있는 빵을 고르려면 자주 가는 빵집의 빵 굽는 시간에 맞춰 가야 한다. 그러면 따뜻하고 부드럽게 구워진 빵을 구할 수 있다. 간혹 제대로 식히지도 않은 빵을 봉지에 담아 파는데 이럴 경우 비닐봉지 안에 습기가 차면서 빵이 눅눅해져 맛이 없다.

빵을 고를 때에는 색이 고르고 부피에 비해 가벼운 것을 선택한다. 색이 고르다는 것은 오븐의 열이 빵 전체에 골고루 전달되어 잘 익었다는 뜻이고, 부피에 비해 가볍다는 것은 발효가 잘 되어 잘 부푼 것을 말한다. 또 살짝 눌렀을 때 탄력 있게 바로 돌아오는 빵이 맛있다. 색이 진한 것은 너무 구웠기 때문에 쓴맛이 나거나 수분이 날아가 퍽퍽할 수 있다. 또 바게트나 치아바타와 같이 반죽에 오일과 설탕이 전혀 안 들어간 빵은 딱딱해질 수 있으므로 빵을 잘랐을 때 구멍이 크게 나 있는 것을 고르도록 한다. 공기층이 충분히 들어 있어 부드럽게 먹을 수 있다.

빵은 어떻게 보관할까?

빵은 갓 구운 뜨거운 상태에서 바로 먹는 것보다 한 김 식혀 먹는 것이 밀가루의 풍미와 향을 더욱 맛있게 즐길 수 있다. 빵은 구운 순간부터 점점 노화되는데 유기농 밀을 이용해 만든 빵은 일반 밀보다 노화 속도가 빠르므로 구입 후 빨리 먹도록 한다. 가장 좋은 것은 빵을 구운 당일에 먹는 것이지만 그럴 수 없는 경우 먹기 좋은 크기로 잘라 한번 먹을 분량만큼 랩으로 싸서 비닐봉지나 밀폐용기에 넣어 냉동실에 보관한다. 냉장실에 넣으면 노화가 더 빨리 진행되기 때문에 냉동실에 넣는 것이 좋다.

냉동 보관한 빵은 먹기 1시간 전에 냉동실에서 꺼내 실온에서 천천히 해동한 뒤 토스터에 구워 먹는다. 바게트의 경우 알루미늄포일에 싸서 토스터에 구우면 딱딱해지지 않아 좋다. 토스터를 충분히 가열하여 고온의 환경을 만든 뒤 빵을 넣어 구우면 단시간 내에 구워지기 때문에 빵 속의 수분이 날아가는 것을 막을 수 있다. 빵을 구울 때 전자레인지는 사용하지 않도록 한다. 전자레인지에 돌리면 수분이 빠져나가 빵이 눅눅하고 질겨진다.

집에서 빵 만들 때 실패하는 이유?

저렴한 소형 오븐이 보급되면서 집에서 케이크와 쿠키, 빵을 굽는 사람들이 늘어나고 있다. 그런데 집에서 빵을 만들면 시판하는 빵처럼 모양도 예쁘지 않고 맛도 덜한 경우가 있다. 이것은 빵을 만드는 과정을 정확히 지키지 못했기 때문이다.

홈베이킹을 할 때는 이스트의 선택과 발효 과정이 무엇보다 중요하다. 이스트가 너무 오래되었거나 냉동실에 있었던 경우 균이 다 죽어 제대로 발효되지 않아 부풀어 오르지 않는다. 그러므로 이스트를 구입할 때는 가능하면 제조일자가 너무 오래되지 않은 것을 구입한다.

제대로 된 이스트를 사용했다고 해도 발효 과정에서 충분한 시간을 두지 않거나 제대로 발효되지 않은 반죽을 너무 빨리 구워 딱딱해진다거나 너무 발효해서 시큼한 맛이 나는 경우가 많아 실패할 수 있다. 발효 시간보다는 발효가 되기 좋은 따뜻하고 습한 환경에 맞춰 충분히 발효시키도록 한다.

몸에 좋은 빵

요즘 '웰빙', '건강식'을 겨냥해 각종 재료로 다양하게 만든 빵이 시판되고 있다. 유기농 밀가루와 우리밀가루으로 만든 빵이 있는가 하면 빵을 부풀게 하는 효모도 드라이이스트 대신 천연 효모를 사용하기도 한다. 근래 들어 부쩍 많이 나오는 유럽식 빵은 기존의 정제된 밀가루 대신 호밀이나 통밀가루를 이용해 다소 꺼끌꺼끌하지만 오래 씹을수록 고소하다. 게다가 곡물 껍질 부분의 섬유소와 각종 미네랄을 섭취할 수 있다. 밀가루가 주재료인 빵도 각종 허브와 올리브오일, 견과류를 넣어 맛과 영양을 보충하는가 하면 시금치나 단호박을 즙이나 가루로 만들어 반죽에 섞어 보기에도 예쁘고 맛과 영양도 좋은 제품이 많이 나오고 있다. 특히 아토피 환자를 위해 쌀가루를 이용한 빵이 나오고 있는데 밀가루 알레르기가 있거나 밀가루를 잘 소화시키지 못하는 사람에게도 좋고 국내산 쌀을 이용해 만든 제품이기에 안심할 수 있어 추천한다.

국내 제빵회사에서 만든 빵은 아무리 방부제와 첨가물을 넣지 않았다고 강조해도 안전한 식품이라 믿음이 가지 않는다. 하지만 빵만 안 먹는다고 밀가루 섭취를 끊을 수 있을까? 매끼 밥으로 식사한다 해도 부침개나 튀김, 전 등 밀가루가 들어가는 음식이 부지기수이고, 밥 대신 식사로 먹는 국수, 만두 등 각종 분식이 우리 식생활 속에 깊숙이 자리를 차지하고 있는데 말이다.

밀가루, 왜 건강에 나쁠까?

대부분의 사람들이 '밀가루로 만든 음식은 건강에 좋지 않다'고 알고 있으나 이는 밀가루 자체보다는 정제나 보관, 운반 과정에서 문제가 발생하기 때문이다. 본래 밀가루는 자연식품인 밀을 곱게 빻아 만들었기 때문에 몸에 해로울 것이 없다. 오히려 밀은 쌀에 비해 단백질과 비타민B$_1$ 함량이 더 많은 영양가 있는 곡물이다. 다만 문제가 되는 이유는 우리나라에 유통되는 밀가루가 대부분 미국과 호주, 캐나다에서 수입한 것이라는 점이다. 아무리 건조된 가루 형태로 가져온다지만 배에 실어 우리나라로 오는 기간만 두 달 이상이 걸리기 때문에 변질되거나 벌레가 생길 우려가 있다. 그래서 가공 과정에서 변질되지 않게 그리고 벌레가 생기지 않게 각종 방부제나 농약 성분이 든 약품 처리를 하는데 이런 밀가루로 만든 식품이 바로 알레르기나 아토피 등 각종 질환을 일으키는 것이다.

안심하고 먹을 수 없을까?

밀가루의 안전성 문제가 커지면서 유기농 밀가루나 국내산 밀가루 제품이 꾸준히 나오고 있고 이를 찾는 사람들도 증가하고 있다. 유기농 밀가루는 유기농 인증업체 기준에 맞춰 농약을 쓰지 않고 유기농 퇴비를 이용해 재배·가공한 밀가루로 표백이나 약품처리 과정을 거치지 않고 만들어졌다. 국내산보다는 수입산이 대부분이지만 유기농 국제 기준에 따라 만들어졌기 때문에 믿고 먹을 수 있다.

국내산 우리밀의 경우 수입밀의 가격 상승과 함께 우리밀을 찾는 사람이 늘어나면서 경작지가 꾸준히 늘어나고 있다. 우리밀은 겨울에서 초여름 동안 재배되므로 농약 문제에서 안전하고 국내에서 밀가루로 가공·생산·유통되기 때문에 방부제나 약품 걱정을 하지 않아도 된다. 게다가 무엇보다도 국내산이라는 점에서 안심하고 먹을 수 있다. 다만 우리밀은 빵이나 국수 같은 분식으로 가공하기에는 다소 거칠고 모양 성형이 어렵다는 단점이 있어 연구가 더 필요한 상태이다.

유기농 밀가루와 우리밀가루는 일반 밀가루에 비해 유통기간이 짧으니 구입할 때나 보관할 때 주의해야 한다.

우리밀 백밀가루 100% 순국산밀
우리밀 통밀가루 100% 순국산밀
우리밀살리기운동
우리밀 통밀가루 100% 순국산밀
우리밀 아기 오트밀
비스킷류
ORGA BAKERY

엄마표 샌드위치로 건강 식탁 만들기

저렴하고 간편해서 한 번씩 사먹게 되는 길거리표 햄버거와 샌드위치. 맛도 좋고 빵과 고기, 야채 등이 고루 들어 있어 건강에도 유익할 것 같지만 성인병을 일으키는 주범으로 지적되고 있다. 왜 그럴까?

일반 패스트푸드점에서 파는 햄버거 안에는 고기 패티와 양상추, 토마토, 치즈, 베이컨 등이 주로 들어간다. 제일 문제가 되는 것이 고기 패티인데 어느 나라 어떤 부위의 고기로 만들었는지 알 수 없기 때문이다. 원산지표시제가 도입되었지만 아직 믿고 먹기에는 불안하다. 일반적으로 햄버거 패티는 가격이 싼 잡육을 갈아 만든다. 갈아 만들기 때문에 잡뼈나 이물질이 들어갈 수도 있고 질이 낮은 고기를 맛 좋게 하려고 각종 화학조미료가 들어가기도 한다. 게다가 구울 때 저가의 기름을 이용하거나 팬에 들러붙은 육즙을 제대로 닦지 않고 조리하는 경우 발암물질이 생길 수 있다.

샌드위치도 마찬가지다. 원가 절감을 위해 질이 떨어지는 빵을 쓰거나 유통기한을 알 수 없는 빵이 샌드위치로 둔갑한다. 판매용 샌드위치는 감자나 파스타 등

을 마요네즈 소스에 버무려 만든 것들이 많은데 재료의 수분이 나와 눅눅해진다는 이유라지만 영양면에서 좋지 못한 것만은 사실이다. 또 샌드위치에는 햄버거의 고기 패티 대신 슬라이스햄이나 소시지를 넣는데 이 햄과 소시지도 잡육을 갈아 각종 화학조미료를 넣어 만든 제품들이 대부분이고 치즈도 식용유와 전분질이 들어간 싸구려 모조 치즈를 사용할 우려가 있다는 점에서 안심할 수 없다.

고 기 패 티　고기 패티는 만들어져 있는 것을 구입하지 말고 양질의 다짐육에 좋아하는 야채나 허브, 향신재료를 넣어 직접 만들어 사용하는 게 좋다. 패티가 아닌 고기를 넣는 경우 가능하면 기름기가 없는 담백한 부위를 사용한다. 이는 샌드위치 특성상 도시락으로 먹는 경우가 많기 때문인데 지방이 많은 부위를 사용하면 식었을 때 구우면서 나온 기름이 굳어져 맛과 영양면에서 좋지 않기 때문이다. 닭가슴살이나 돼지 안심 부위를 양념하여 담백하게 구워도 좋고 샤브샤브용 쇠고기같이 얇은 고기를 끓는 물에 데쳐 소스로 양념해 넣어도 맛있는 저지방 고단백 샌드위치를 만들 수 있다.

햄 과 소 시 지　전통 방식으로 만든 수제햄이나 프로슈토, 하몽 같은 생햄, 살라미 같은 소시지를 쓰거나 콩으로 만든 콩햄을 쓴다. 햄은 원래 고기를 장기간 보존하기 위해 소나 돼지고기의 넓적다리 혹은 어깨살 부분을 염장해서 말리고 훈제하는 과정을 거쳐 만든 육가공품이다. 소시지도 장기 보존을 위해 다진 고기에 각종 허브와 향신료를 넣어 돈장 혹은 양장에 채운 뒤 훈연과 건조 과정을 거쳐 만들어진 제품이다. 이렇게 전통적인 방법으로 만든 햄과 소시지는 딱히 해로울 것이 없다. 그러나 공장에서 대량 가공 생산되는 햄과 소시지는 출처를 알 수 없는 잡육을 이용하여 만드는데다 각종 인공향미료, 색소, 방부제를 넣어 만들기 때문에 피해야 한다.
수제햄은 장기보존을 위해 염분이 많이 들어가므로 샌드위치를 만들 때는 너무 많이 넣지 않도록 하며 대신 야채를 듬뿍 넣어 짠맛을 중화시킨다. 수제 소시지를 익힐 때는 칼집을 내어 끓는 물에 데쳐 조리하면 혹시나 남아 있을 유해성분을 제거할 수 있고 기름이 들어가지 않아 담백하다.
요즘에는 아토피 환자나 채식주의자를 위한 콩햄과 소시지 제품이 나오고 있다. 대두단백과 버섯, 글루텐을 이용해 고기 같은 맛과 식감을 내는데, 이를 활용해서 샌드위

치를 만들어도 좋다. 하지만 이것도 가공식품이므로 가능한 한 끓는 물에 데쳐서 쓴다.

치 즈　샌드위치를 만들 때 치즈처럼 좋은 재료도 없다. 고기와 햄, 소시지가 들어가지 않은 샌드위치는 야채 특유의 풋내가 나고 맛이 밋밋해질 수 있는데 이때 치즈를 넣으면 훨씬 풍미가 좋아지고 별다른 재료 없이도 빵맛을 살리는 역할을 한다. 샌드위치에 넣는 치즈는 자연 치즈를 선택한다.
치즈는 주원료인 우유보다 10배나 영양가가 많다. 보통 1리터의 우유로 약 100그램의 치즈를 만들 수 있는데 만드는 과정에서 우유의 영양소가 거의 파괴되지 않고 응축되기 때문에 칼슘 섭취에 좋다. 또 우유는 유당이라는 성분이 있어 복통을 일으키는 경우가 있지만 치즈는 만드는 과정에서 유당이 유산균에 의해 분해되기 때문에 안심하고 먹을 수 있다.
치즈는 한번 개봉하면 쉽게 변질되므로 치즈를 자른 단면은 랩으로 확실히 싸서 공기를 차단해야 한다. 그런 다음 마르지 않도록 파슬리와 함께 밀폐용기에 넣고 야채칸에 보관하면 오래도록 맛있게 먹을 수 있다. 단 오래 두고 먹을 생각으로 냉동하면 낭패를 볼 수 있다. 얼면서 치즈 안의 수분이 빠져나가 해동했을 때 푸석푸석하다.

스 프 레 드　빵에 바르는 스프레드의 경우 마가린은 금물. 가능하면 버터, 올리브오일, 저지방 마요네즈나 플레인 요구르트를 이용한다. 저지방 마요네즈라서 맛이 없을 것 같지만 다양한 허브와 야채, 향신료를 넣으면 훨씬 풍부하고 맛있는 스프레드가 완성된다.

샌드위치 만들기 좋은 빵

샌드위치는 식빵으로만 만든다? 그렇지 않다. 바게트나 호밀빵처럼 달지 않아 야채의 맛을 살릴 수 있는 빵이라면 얼마든지 샌드위치로 만들 수 있다. 빵의 특성을 알고 빵의 맛과 조화를 이루는 속 재료를 더해야 하는 것은 기본이다.

식빵 | 밀가루, 버터, 우유 등으로 만들어 부드럽고 풍부한 맛을 지녔다. 밀가루 식빵이 대부분이었으나 요즘은 버터를 넣지 않은 빵, 호밀가루나 통밀가루로 만든 빵, 쌀가루를 이용한 식빵 등 다양한 제품이 나오고 있다. 샌드위치용으로 가장 사랑받을 뿐만 아니라 바삭하게 구워 잼이나 버터만 발라 먹어도 맛있고 웬만한 식재료와 잘 어울린다.

베이글 | 도넛 모양을 한 이스라엘의 빵. 저칼로리, 저지방, 저콜레스테롤 빵으로 유명하다. 다른 빵에 비해 단백질이 많이 함유되어 있어 건강빵이라는 이미지가 강하다. 쫄깃하게 씹히는 맛이 개운하여 크림치즈와 같은 스프레드를 발라 먹으면 맛있다. 랩을 씌워 전자레인지에서 1분 정도 데운 뒤 팬이나 토스터에 구워 먹어도 쫄깃하고 바삭해서 좋다. 찜통에 찌면 부드럽고 촉촉하게 즐길 수 있다.

바게트 | 프랑스의 대표적인 빵. 설탕이나 오일을 사용하지 않아 밀 자체의 구수한 맛을 가장 순수하게 살린 빵이라 할 수 있다. 맛있는 바게트는 속에 큼직한 구멍이 나 있으며 겉은 바삭하고 속은 부드럽고 쫄깃하다. 남은 바게트는 먹기 좋은 크기로 썰어 냉동했다가 오븐이나 토스터에 구우면 되고 굳은 바게트는 달걀물을 씌워 굽거나 토마토소스에 파스타 대신 치즈를 얹어 구우면 촉촉하고 부드럽게 먹을 수 있다.

호밀빵 | 북유럽, 동유럽에서 많이 먹는 빵으로 씹으면 씹을수록 호밀 특유의 구수한 맛과 독특한 신맛이 잘 느껴진다. 탄수화물은 물론이고 단백질, 미네랄, 철분이 풍부하다. 또 장에 좋은 식이섬유가 풍부하여 실제로 호밀빵을 주식으로 하는 핀란드 사람들의 경우 대장암 발생 비율이 매우 낮은 것으로 알려져 있다. 얇게 슬라이스해서 야채와 치즈, 연어 등을 얹어 샌드위치를 만들어도 좋고 버터와 함께 잼이나 꿀을 발라 먹어도 맛있다.

치아바타 | 이탈리아어로 '슬리퍼'라는 뜻을 지닌 넓고 편평한 모양의 빵이다. 담백하고 부드럽고 쫄깃해서 샌드위치 재료의 맛을 가장 잘 살릴 수 있다. 올리브오일과 특히 잘 맞아 올리브오일에 찍어 먹거나 올리브오일로 맛을 낸 샐러드를 끼워 먹으면 맛있다. 올리브오일 특유의 맛과 향에 거부감이 있는 사람이라도 부담 없이 즐길 수 있다. 속에 구멍이 많이 난 것이 부드럽고 맛있다.

햄버거&핫도그 번 | 밀가루, 이스트, 달걀, 버터, 물 등 다양한 재료로 반죽해 구운 햄버거와 핫도그 번은 과거에는 건강빵 이미지와 거리가 멀었지만 잡곡이나 야채를 넣는 등 맛과 영양을 보완한 제품이 많아지면서 재인식되고 있다. 호밀, 잡곡빵 같은 건강빵도 부드러운 모닝빵이나 핫도그 번 모양으로 나와 있다. 눌러 봤을 때 부드럽고 푹신한 것이 맛있으며, 주로 고기 패티와 소시지를 넣어 먹는데 야채를 듬뿍 넣어야 뻑뻑하지 않다.

꽃빵(화권) | 중국에서 밥 대신 주식으로 많이 먹는 빵이다. 밀가루와 소금, 이스트, 물 등을 넣고 반죽하여 식용유를 바르고 말아서 썬 뒤 가운데를 눌러 모양을 내는데 굽지 않고 쪄서 만든다. 주로 요리에 곁들여서 같이 먹으며 우리나라에서는 중식당에서 고추잡채와 같이 먹는다. 맛이 담백해 각종 야채나 고기 볶은 것을 곁들여 먹으면 잘 어울린다.

피타빵 | 납작하고 편평한 모양으로 중동지역에서 널리 먹는 빵이다. 이탈리아 피자의 기원이라는 설이 있다. 밀가루나 통밀가루 같은 곡류에 물과 소금만으로 반죽해서 얇게 늘려 구워 담백하다. 속이 비어 있어서 향신료로 양념한 고기와 야채를 빵 사이에 끼워 케밥처럼 먹거나 생야채와 올리브, 치즈 등을 넣어 만든 샐러드를 끼워 먹는다.

크루아상 | 반죽에 버터를 넣고 만들어 구운 삼각형 모양의 빵으로 오스트리아의 빈 혹은 헝가리 부다페스트에서 들어온 것이 프랑스의 빵으로 발달했다. 버터가 많이 들어갔기 때문에 겹겹이 바삭하고 고소하다. 버터와 잼만 발라 커피와 같이 먹어도 좋고 프로슈토 같은 생햄과 바질 페스토 같은 허브를 이용해 만든 소스를 곁들여 샌드위치로 먹어도 맛있다.

토르티아 | 둥글고 얇은 멕시코 빵. 빵 자체가 얇고 부피가 작아 샌드위치를 만들면 영양이 꽉찬 저탄수화물 샌드위치를 만들 수 있다. 고기, 콩, 야채, 치즈를 넣고 말아 케밥처럼 먹거나, 피자처럼 좋아하는 재료와 치즈를 얹어 퀘사디아로 구워 먹거나, 튀겨서 샐러드에 넣어 먹는 등 다양한 형태의 샌드위치를 만들 수 있다. 당근즙이나 시금치즙을 넣어 색상과 영양을 살린 토르티아 제품도 나와 있다.

잉글리시 머핀 | 베이킹파우더를 사용해 컵케이크처럼 구운 미국식 머핀과 달리 잉글리시 머핀은 이스트를 사용해 구운 납작하고 편평한 모양의 빵으로 중국의 호떡과 모양이 비슷하다. 옥수수가루나 통밀가루를 넣어 만들기도 하는데 담백하고 부드러워 아침식사용으로 좋다. 반으로 갈라 버터나 잼을 발라 먹어도 좋고 치즈나 햄, 달걀 등을 얹어 먹어도 잘 어울린다.

프레즐 | 중세 유럽에서 빵 가게의 상징으로 쓰이던 빵이다. 모양은 우리가 흔히 알고 있는 꼬인 밧줄 모양의 다소 딱딱한 프레즐과 일반 빵 모양의 부드러운 프레즐이 있다. 밀가루, 이스트, 소금, 물로 반죽해서 알칼리 용액(수산화나트륨 용액 혹은 베이킹소다를 2~4퍼센트 희석한 액을 사용)에 담갔다가 굽는 점이 독특하다. 짭짤한 맛과 쫀쫀한 식감이 맥주와 잘 어울린다. 크림치즈 스프레드를 바르거나 햄과 치즈를 끼워 먹어도 좋다.

포카치아 | '불로 구운 것'이라는 뜻의 이탈리아 말로 피자의 원형이라고 할 수 있는 편평한 모양의 빵이다. 반죽에 소금만 뿌려 굽기도 하고 허브, 올리브, 양파 등 다양한 재료를 같이 얹어 굽기도 하기 때문에 다른 빵보다 맛과 영양이 풍부하다. 불포화지방산이 풍부한 올리브오일이 반죽에 들어가서 촉촉하고 담백해 그냥 먹거나 반을 갈라 담백한 맛이 나는 치즈나 야채를 끼워 먹어도 좋다.

샌드위치에 넣는 식재료들

송로버섯이 들어간 스프레드를 바르고 최고급 캐비아를 야채 사이에 곁들인 샌드위치라면 어떨까? 이렇게 재료 선택에 따라 최고급 음식부터 길거리 간식거리까지 다양하게 변신을 꾀할 수 있는 음식이 바로 샌드위치이다. 빵의 종류에 따라, 속 재료에 따라 샌드위치의 맛과 가격은 천차만별. 치즈, 과일, 야채, 견과류, 해산물 등 샌드위치와 특히 잘 어울리는 다양한 재료들을 어떻게 이용하면 좋을지 꼼꼼하게 살펴본다.

마스카포네치즈 | 이탈리아의 '티라미수'와 함께 유명해진 것이 바로 마스카포네치즈이다. 맛이 달콤해 케이크, 무스 등의 제과용 치즈로 쓰인다. 생크림과 버터의 중간 상태처럼 부드럽고 농후한 맛이 느껴지는 이 치즈는 우유 특유의 고소하고 단맛이 잘 살아 있다. 다른 크림치즈와 비교했을 때 풍미가 깔끔해 디저트 치즈로 제격이다. 건포도가 들어간 빵이 잘 어울리며 잼이나 과일을 곁들인 샌드위치에도 좋다.

모차렐라치즈 | 이탈리아를 대표하는 프레시 치즈 중 하나로 표면이 하얗고 반들반들하다. 시중에는 덩어리 형태로 물과 함께 담겨 있는 생 모차렐라치즈와 피자나 그라탱용으로 잘게 슬라이스된 모차렐라치즈 두 종류가 있다. 쫄깃하고 탄력 있는 식감이 특징으로 우유의 신선한 풍미가 그대로 느껴지고 토마토, 바질, 올리브오일과 특히 잘 어울린다. 그대로 얇게 썰어 빵, 야채와 함께 먹거나 그릴 등에 녹여 따뜻한 샌드위치를 만들 때 써도 좋다.

고르곤졸라치즈 | 세계 3대 푸른 곰팡이 치즈다. 은은한 단맛과 부드러운 맛이 특징으로 파스타와 드레싱, 피자 등 다양한 요리에 쓰인다. 특유의 강한 향이 있어 거부감을 느끼는 사람이 많지만 올리브오일, 마늘 등과 함께 갈아 스프레드로 만들어 빵에 발라 먹거나 열을 가해 녹여 먹으면 특유의 진하고 부드러운 맛이 살아나 부담없이 즐길 수 있다. 꿀이나 연유를 곁들여 먹어도 잘 어울린다. 호두, 말린 무화과와 같이 빵에 얹어 먹어도 맛있다.

브리치즈 | 흰 곰팡이 치즈 중 하나인 브리치즈는 부드럽고 풍미가 좋다. 전 세계적으로 사랑받고 있으며 세계 각지에서 생산되고 있다. 겉의 피막 부분은 쫄깃하고 속 부분은 희고 매우 부드럽다. 향이 강하지 않아 누구나 무난하게 먹을 수 있고 짭짤한 맛이 호두, 셀러리와 잘 어울린다. 견과류가 들어간 빵이나 바게트로 샌드위치를 만들면 맛있다. 부드럽기 때문에 얇게 잘라 빵 위에 그대로 얹어 먹어도 스프레드 같은 느낌이 난다.

리코타치즈 | 치즈를 만든 뒤 생기는 유청을 다시 이용해 만든 저지방 치즈로 인기가 높다. 생크림을 첨가하여 맛이 깊고 우유 특유의 단맛이 잘 느껴진다. 마스카포네치즈와 함께 제과 재료로 애용되고 라비올리 같은 속 내용물이 있는 파스타나 치즈케이크의 재료로도 쓰이는 등 다양하게 활용할 수 있는 치즈이다. 그대로 먹어도 좋지만 주로 과일, 잼 같은 달콤한 재료와 잘 어울리고 담백하게 한두 가지 재료만 넣은 샌드위치에 넣으면 좋다.

크림치즈 | 우유에 생크림을 첨가해서 만드는 프레시 타입의 치즈로 우유 크림 특유의 고소한 맛과 달콤한 맛이 느껴져 디저트로 적격이다. 부드러운 신맛이 있어 쉽게 질리지 않고 강한 냄새가 없어 누구나 즐길 수 있다. 허브와 마늘, 양파 같은 향신재료와도 잘 어울려 이와 함께 빵에 바르는 스프레드를 만들어 샌드위치에 활용하면 좋다. 치즈케이크에도 이 치즈가 이용된다.

파르미지아노 레자노치즈 | 일명 '파르메잔 치즈'로 불리며 최소 1년에서 4년 동안 숙성시켜 만든다. 풍부하고 묵직한 맛과 은은한 단맛을 함께 가지고 있다. 단단해서 필러로 깎아 먹거나 강판에 갈아 이용한다. 파스타나 피자 등 이탈리아 요리에 두루 쓰이며 각종 샐러드, 견과, 야채와도 잘 어울린다. 생야채 샐러드에 이 치즈를 듬뿍 뿌린 후 빵에 끼워 샌드위치로 먹으면 좋다. 그릴 샌드위치 속에 갈아 넣어도 맛있다.

체다치즈 | 우리에게 제일 익숙한 진한 노란색 치즈로 영국을 대표하는 치즈이다. 생생한 오렌지색의 레드 체다치즈도 있다. 세계 각국에서 널리 애용되고 만들어진다. 누구나 부담 없이 먹을 수 있는 맛으로 부드럽고 가벼운 신맛과 우유의 진한 맛, 깔끔한 뒷맛이 특징이다. 다양한 식재료와 잘 어울리고 특히 햄을 넣어 만든 샌드위치에 좋다.

에멘탈치즈 | 스위스를 대표하는 치즈로 농후하고 견과류 같은 풍미를 지녔다. 만화에서 흔히 보던 구멍 뚫린 치즈가 바로 이 치즈이다. 끝에 단맛이 살짝 느껴지며 퐁듀에 쓰이는 대표적인 치즈로 열을 가하면 특유의 맛 성분이 증가하여 그라탱과 키슈 등에 어울린다. 호밀빵이나 햄, 양파와 잘 어울리고 녹여서 따뜻한 샌드위치로 먹거나 구운 고기같이 따뜻한 속 재료와 함께 곁들이면 좋다.

에담치즈 | 빨간 왁스로 표피를 감싼 에담치즈는 고다치즈와 함께 네덜란드를 대표하는 치즈이다. 부드럽고 맛이 순해 먹었을 때 부드러운 신맛과 고소한 버터의 풍미가 남는다. 원료 일부에 탈지 우유를 사용하기 때문에 다른 치즈와 비교했을 때 지방분이 적고 칼로리가 낮아 다이어트를 염두에 둔다면 권할 만한 치즈이다. 구운 야채나 버섯같이 맛이 개운하고 가벼운 재료들과 잘 어울린다.

페타치즈 | 양젖에 산을 넣고 굳혀 압축한 뒤 소금물에 담가 보존한 그리스 치즈로 강한 짠맛이 특징이다. 먹기 전에 물에 담가 염분을 제거한 뒤 잘라서 각종 야채샐러드에 넣어 먹는다. 요즘에는 올리브오일에 재워서 나오는 제품도 있어 그대로 먹어도 좋고 식초를 뿌려 즉석 샐러드로도 먹을 수 있다. 올리브나 토마토와 잘 어울리고 오렌지, 꿀과도 궁합이 잘 맞아 이를 넣은 샌드위치를 만들 때 쓰면 좋다.

단호박 | 카로틴, 각종 비타민과 미네랄, 식이섬유 등이 골고루 함유되어 있다. 호박씨에도 영양이 풍부하므로 같이 넣고 조리해 고소한 맛을 더하는 것이 좋다. 감자나 고구마처럼 쪄서 으깬 뒤 각종 소스에 버무려 빵에 발라 먹어도 되고 짭짤한 베이컨이나 햄과 함께 빵에 곁들여도 잘 맞는다.

감자 | 탄수화물이 주성분으로 비타민C가 풍부하고 고혈압 예방에 효과가 있는 칼륨, 나이아신이 들어 있다. 작게 썰어 찌거나 삶아 익힌 뒤 각종 향신료를 넣고 버무려 다른 야채와 함께 빵 사이에 얹어 먹는다. 또는 쪄서 으깬 뒤 마요네즈나 오일에 버무려 빵에 발라 먹는다.

고구마 | 적은 양을 먹어도 포만감을 주어 다이어트에 좋고 변비에 탁월한 효과를 보인다. 껍질째 삶거나 찌는 것이 영양면에서 좋다. 샐러드, 수프, 칩, 제과제빵 재료 등 다양한 요리에 활용되고 유제품과 특히 잘 맞아 쪄서 으깬 뒤 우유나 생크림, 버터와 섞어 빵에 발라 먹으면 달콤하면서도 든든한 한 끼가 된다.

토마토 | 토마토의 리코펜 성분은 항암 작용을 하는 것으로 유명하고, '글루타민산'이라는 아미노산 성분은 음식을 맛있게 하는 것으로 알려져 있다. 각종 치즈, 고기, 야채뿐만 아니라 어느 빵이든지 두루 잘 어울린다. 얇게 썰어 다른 재료와 함께 얹어 먹어도 좋고, 굽거나 말려 올리브오일로 맛을 내어 빵에 끼워 먹어도 좋다.

피망 | 청피망, 홍피망 두 종류가 있는데 청피망이 숙성되면 홍피망이 된다. 비타민A·C가 풍부한데 특히 비타민 C의 경우 레몬의 약 두 배다. 녹색이 진할수록 영양적으로 우수하다. 기름에 볶거나 고기류와 함께 섭취하면 좋다. 맛이 개운해 생으로 가늘게 썰어 샌드위치에 넣어 먹어도 좋고 구워서 껍질을 벗긴 다음 각종 드레싱으로 양념하여 빵에 끼워 먹거나 곁들여 먹어도 좋다.

양파 | 보라 양파는 일반 양파에 비해 맛이 달콤하고 부드러워 생으로 먹기에 좋은데 샐러드나 샌드위치에 넣으면 개운한 맛이 더해진다. 가늘게 슬라이스해 다른 재료와 함께 얹어 먹거나 다져서 스프레드나 소스로 이용한다. 또는 살짝 볶아 고기나 햄이 들어간 샌드위치와 함께 곁들인다.

각종 레터스류 상추 | 비타민 B가 듬뿍 들어 있는 건강 야채로 카로틴과 비타민A가 함유되어 있다. 로메인 레터스의 경우 시저 샐러드에 쓰이는 야채로 널리 알려져 있다. 양상추에 비해 물기가 적어 샌드위치를 만들었을 때 금방 눅눅해지지 않아 좋다. 샌드위치를 만들기 전 찬물에 담가 싱싱한 상태로 만든 뒤 마른 행주로 물기를 닦아내고 쓴다.

새싹채소 | 주로 녹두, 브로콜리, 알팔파 등의 씨앗에서 나온 어린 싹을 일컫는다. 새싹은 비타민, 미네랄이 다 자란 야채보다 3~4배나 높다. 주로 생으로 샐러드나 비빔밥에 넣어 먹는데, 수분이 적어 샌드위치에 넣어도 좋다. 특유의 쌉쌀한 맛이 있으므로 훈제연어나 베이컨 등 맛이 강한 재료가 들어가는 샌드위치에 함께 넣으면 그만이다.

아스파라거스 | 야채임에도 단백질이 풍부하고 고혈압을 예방하는 아스파라긴 성분이 함유되어 있다. 카로틴, 비타민B2, 식이섬유도 풍부하다. 샐러드, 수프, 볶음 등에 고루 쓰이고 고기류와 잘 어울린다. 살짝 데치거나 볶아 샌드위치에 넣으면 물기도 많이 나오지 않고 아삭하게 씹히는 맛이 잘 살아 있다.

양배추 | 다른 야채에 비해 칼슘이 많고, 비타민A·C·U, 카로틴이 풍부하다. 위장에 좋다고 하는 비타민U는 위나 십이지장의 궤양 치료에 특히 효과가 있다. 생으로 먹어도 좋고, 볶아서 먹거나 찌는 요리에 활용된다. 고기, 햄 종류와 잘 어울려 샌드위치에 잘게 썰어 함께 곁들이거나 살짝 볶아서 향신료로 맛을 내 함께 넣어 먹으면 좋다.

콩 | 단백질과 당질, 비타민B₁·B₂·C를 많이 함유하고 있다. 삶아서 각종 향신료, 야채를 곁들여 샐러드로 만든 뒤 샌드위치 속에 넣어 먹거나 삶은 뒤 식혀 올리브오일, 치즈 등과 함께 믹서에 곱게 갈아 빵에 발라 먹으면 된다. 캔 제품은 당질은 많고 비타민은 대부분 파괴되어 있으므로 사용하지 않도록 한다.

아보카도 | 양질의 지방이 들어 있고 맛이 고소해 고기나 치즈가 없는 생야채 위주의 샌드위치에 넣으면 맛이 더욱 풍부해진다. 얇게 썰어 샌드위치에 얹거나 으깨어 레몬즙, 소금, 후춧가루와 섞어 스프레드를 만들어도 좋은데 산소와 닿으면 갈변하므로 레몬즙을 약간 뿌린다.

사과 | 사과에 풍부한 각종 미네랄과 비타민은 피부미용에 좋다. 샌드위치에 넣을 때는 얇게 썰어 얹어 먹어도 되지만 버터와 계핏가루를 넣고 살짝 볶아 빵에 얹어 먹으면 열에 익힌 과일 특유의 달콤하고 풍부한 맛을 느낄 수 있다.

프룬 | 서양 자두를 말린 것으로 미네랄과 식이섬유, 칼륨과 다양한 비타민 군을 함유하고 있다. 말린 과일 특유의 단맛이 강하고 신맛은 거의 없다. 땅콩과 같은 견과류, 햄 등과 잘 어울린다. 샌드위치에 이용할 때에는 큼직하게 썰어 다른 재료와 함께 얹어 먹거나 크림치즈나 버터와 함께 섞어 빵에 발라 먹는다.

건살구 | 살구를 갈라 씨를 빼내고 건조시킨 것으로 달콤새콤한 맛과 향이 좋으며 카로틴과 칼륨이 풍부하다. 특유의 새콤한 맛이 고기, 햄 종류 혹은 치즈와 잘 어울린다. 샌드위치에 넣을 때에는 그대로 다져서 리코타나 크림치즈, 마스카포네 등 달콤한 맛이 나는 디저트용 치즈와 섞어 스프레드 상태로 발라 먹는다.

무화과 | 단백질 분해 효소가 소화를 도와주고 펙틴 성분이 있어 정장 작용도 한다. 말린 무화과는 단맛이 강하고 속의 씨가 오독오독 씹히는 식감이 좋다. 샌드위치에 사용할 때는 싱싱한 것이면 달군 팬에서 설탕이나 꿀과 함께 가볍게 볶은 뒤 빵에 얹고, 말린 무화과라면 큼직하게 다져 럼주에 불렸다가 치즈와 함께 섞어 스프레드로 쓴다.

건포도 | 씨가 없는 품종의 검은 포도를 말린 것이다. 알칼리성 건강식품으로 철분과 칼륨이 풍부하다. 빵과 과자, 고기 요리 등에 쓰인다. 다른 말린 과일과 마찬가지로 햄, 견과, 치즈류와 잘 어울리고, 고구마나 단호박과도 잘 맞는다. 샌드위치에 넣을 때는 불리지 않은 상태 그대로 다른 재료와 섞거나 럼주에 불렸다가 갈아서 페이스트 상태로 이용한다.

바나나 | 소화가 잘 되고 자극적이지 않아 운동선수나 환자에게 좋고 정장 작용을 하여 변비에도 효과가 탁월하다. 수분이 나올 염려가 없기 때문에 샌드위치에 넣을 때는 얇게 슬라이스 해서 재료와 함께 얹어 먹으면 된다. 다만 변색되기 쉽기 때문에 레몬즙을 약간 뿌린다. 계핏가루를 뿌리면 풍미를 더할 수 있다.

호두 | 불포화지방산(리놀렌산)의 함유율이 천연식품 중에서 가장 높다. 비타민, 미네랄류와 식이섬유 등 다양한 영양소도 풍부하다. 버터와 잘 어울려 큼직하게 다진 뒤 버터와 섞어 빵에 발라 먹으면 좋고 말린 과일이나 치즈와도 잘 맞아 이들이 들어가는 샌드위치에 같이 넣으면 더 풍부한 맛을 낼 수 있다.

아몬드 | 노화 방지에 좋은 비타민E가 천연식품 중에 가장 많이 들어 있다. 이 밖에 칼슘, 철분, 불포화지방산도 풍부하다. 주로 제과제빵 재료로 이용되지만 잘게 다져 튀김옷이나 샐러드에도 쓰인다. 치즈가 들어가는 샌드위치에 다져서 넣거나 믹서에 치즈와 함께 갈아 스프레드 형태로 이용하면 좋다. 과일이 들어가는 샌드위치에 슬라이스 아몬드를 뿌리면 고소한 맛이 더해진다.

땅콩 | 비타민B가 풍부하여 암기력을 향상시키는 데 도움을 준다. 쿠키나 케이크 등 제과 재료로 많이 쓰이고 조림이나 볶음에도 다양하게 이용된다. 땅콩버터로 만들어 빵에 발라 먹거나 겨자소스가 들어가는 샌드위치에 같이 넣어도 좋다. 건포도나 프룬 등 말린 과일과도 잘 어울린다.

새우 | 단맛을 내는 베타인은 혈중 콜레스테롤 수치의 상승을 억제해서 당의 흡수를 줄인다. 또 타우린과 칼슘이 풍부해 항산화 효과도 기대할 수 있다. 굽거나 데치거나 생으로 하는 요리 어디에나 잘 어울린다. 마요네즈, 아보카도를 넣은 샌드위치에 살짝 볶거나 데쳐서 넣어 먹으면 고소하고 담백하다.

훈제연어 | 오메가3 지방산이 풍부하다. 칼슘과 비타민D, 항산화 효과가 있는 아스타크산틴 성분이 들어 있어 노화 방지에도 좋다. 케이퍼, 양파, 사우어크림을 곁들여 먹으면 느끼한 맛을 줄일 수 있다. 신맛이 있는 호밀빵과 잘 어울린다.

참치 | 미네랄이 풍부하고 DHA가 다량 함유되어 있어 노화 방지에 좋고 어린이 성장에도 도움이 된다. 양파, 피망 등을 다져 참치와 섞어 샐러드나 샌드위치를 만들어 보자. 허브 중 딜을 넣으면 참치 특유의 풍미가 잘 살면서 비릿한 맛을 덜어 준다.

닭가슴살 | 맛이 담백해 어떤 양념, 어떤 식재료와도 두루 잘 어울린다. 샌드위치에 이용할 때는 반으로 가른 후 양념해 굽는다. 또는 끓는 물에 데친 후 잘게 찢어 양념해 사용한다.

프로슈토 | 소금에 절인 뒤 장기간 숙성시켜 만든 햄으로 이탈리아에서 가공한 육류를 총칭하는 말이다. 짭짤하면서도 씹을수록 특유의 단맛이 나 애피타이저, 파스타, 샐러드 등에 쓰인다. 멜론, 복숭아 등의 과일과도 잘 어울린다. 토마토, 치즈와 함께 빵에 얹어 샌드위치를 만들거나 베이컨처럼 살짝 구워 야채와 함께 샌드위치를 만들면 된다.

살라미 | 이탈리아 소시지의 일종으로 보통 '살라미 소시지'라 불린다. 원래 다진 돼지고기, 향신료, 조미료, 럼주 등을 섞어 만든 반죽을 채운 뒤 두세 달 건조·숙성시켜 만든 것으로 지금은 여러 가지 허브와 향신료를 넣어 만들기도 한다. 피자나 파스타는 물론 샐러드와 샌드위치에도 넣어 먹는데 생야채와 함께 그대로 빵에 얹어 먹어도 좋지만 치즈, 감자와 맛이 잘 어울리므로 이 재료들과 함께 샌드위치를 만들면 좋다.

계핏가루 | 인도, 스리랑카, 베트남 등에서 주로 재배되는 스파이스로 맵고 단맛을 낸다. 물에 넣고 끓여 음료로 만들기도 하고 가루로 만들어 각종 요리와 제과제빵 재료에 쓰기도 한다. 특유의 달콤한 향이 사과나 포도 등의 과일에 잘 어울리므로 과일이 들어가는 샌드위치에 넣으면 좋다.

너트매그 | 서인도, 스리랑카 등에서 재배되며 '육두구'라고도 알려져 있다. 가루 형태로 만들어져 각종 고기 요리는 물론 케이크, 도넛 등 제과 재료로 쓰인다. 커리를 만들 때 약간 넣으면 특유의 풍미가 잘 살아난다. 크림소스 계열의 파스타나 수프에도 잘 맞는다. 햄버거 패티를 만들 때 넣으면 누린내를 없애고 특유의 향이 고기를 더 맛있게 해 준다.

파프리카가루 | 파프리카를 건조시켜 갈아 만든 것으로 비타민C가 많고 얼핏 보면 고운 고춧가루처럼 보인다. 하지만 매운맛은 그리 강하지 않아 칼칼한 맛을 내고 싶을 때 넣으면 좋다. 생선이나 고기가 들어 가는 샌드위치를 만들 때 굽는 과정에서 약간만 넣으면 산뜻하고 칼칼한 맛을 낼 수 있다.

바질 | 이탈리아 요리에 빼놓을 수 없는 인기 허브로 소화를 돕고 식욕을 촉진시키며 염증을 완화한다. 생으로 피자나 파스타 등에 넣어 먹거나 견과류나 올리브오일 등과 함께 갈아 소스로 만들어도 잘 어울린다. 특히 토마토와 잘 어울리고 올리브오일에 담가 두었다가 샐러드 드레싱으로 활용하거나 바질 페스토소스를 만들어 빵에 바르거나 토마토, 치즈가 들어가는 샌드위치에 넣으면 좋다.

타임 | 약간 매운 향이 나는 허브로 고기나 생선, 야채에 두루 잘 어울린다. 살균 해독 효과가 있어 차로 만들어 마시면 기관지나 감기에 좋다. 육류나 생선 요리에 넣으면 특유의 누린내와 비린내를 없앨 수 있고 야채 특유의 풋내를 없애는 데도 좋다.

로즈메리 | 특유의 강한 향기가 청량감을 느끼게 한다. 회춘 허브라 할 정도로 세포 활성화에 탁월하고 기억력과 집중력을 높인다. 소화 촉진과 구취 예방에도 효과적이다. 특유의 강한 향기가 느끼함을 없애 고기 요리나 기름을 많이 이용하는 음식에 쓰면 좋다. 샌드위치의 경우 고기와 감자가 들어간 샌드위치에 소스나 드레싱으로 넣으면 좋다.

민트 | 특유의 시원하고 달콤한 맛이 구취를 없애 주어 이를 이용한 껌 제품이 많다. 디저트나 음료에 널리 쓰이고 과식이나 과음했을 때 먹으면 효과가 있다. 동남아 요리, 쌀국수, 월남쌈 등에도 많이 이용된다. 요구르트나 크림치즈와 섞어 빵에 바르거나 오이나 과일이 들어가는 샌드위치에 넣으면 맛있다.

머스터드 | 브라운 머스터드를 씨째 갈아 가열하여 매운맛을 억제하고 신맛이 나도록 만든 것이다. 주로 햄, 소시지, 치킨 요리에 어울리고 샐러드 드레싱, 치즈, 달걀 요리에도 활용된다. 씨가 있는 머스터드는 톡톡 씹히는 쌉쌀한 맛이 나고 디종 머스터드는 화이트와인이 들어 있어 톡 쏘는 맛이 돈다. 마요네즈나 버터와 섞어 기본 스프레드로 빵에 바르거나 달걀이나 고기 재료와 함께 빵에 얹어 먹는다.

샌드위치에 바르는 다양한 스프레드

속 재료가 빵을 적시는 것을 막아 주면서 샌드위치의 맛을 한 차원 높게 끌어올려 주는 것이 스프레드의 역할이다. 보통 마요네즈나 버터를 바르는데 다양한 스프레드 레시피를 알아 두면 샌드위치의 맛을 한결 품위 있게 만들 수 있다. 빵과 속 재료와 잘 어울리는 스프레드를 골라 보자.

마늘 양파 버터

고기와 치즈 샌드위치에 제맛

고기에 어울리고 샌드위치가 아니어도 바게트에 발라 구운 마늘빵을 만들 때 써도 좋다. 샌드위치를 만들기 전에 빵에 얇게 바르고 바삭하게 구운 뒤 속 재료를 얹어 먹으면 향긋한 마늘과 양파의 맛을 더 잘 느낄 수 있다. 치즈나 고기가 들어간 샌드위치에 어울린다.

재료 버터 100g, 다진 마늘 1큰술, 다진 양파 1큰술, 파슬리가루 · 소금 · 후춧가루 약간씩

씨겨자 요구르트 버터

감자와 잘 어울리는 쌉쌀한 맛

톡톡 씹히는 맛과 씨겨자 특유의 쌉쌀하고 새콤한 맛이 고기의 느끼함을 없애면서 풍미를 좋게 한다. 맛이 새콤한 요구르트는 씨겨자의 맛을 부드럽게 해 주어 자칫 아리기만 할 수도 있는 겨자의 단점을 보완한다. 고기나 튀김 종류가 들어가는 샌드위치, 감자 재료와 잘 어울린다.

재료 씨겨자 5큰술, 버터 100g, 플레인 요구르트 1큰술, 소금 · 후춧가루 약간씩

앤초비 버터

생야채와 달걀에 어울리는 짭짤한 맛

짭짤하고 감칠맛 나는 앤초비에 고소하고 부드러운
버터가 들어가 더욱 풍부한 맛을 낸다. 생야채가 듬뿍
들어가는 샌드위치에 넣으면 잘 어울린다. 또 삶은 달
걀이나 닭가슴살 등 맛이 담백한 재료 또는 치즈가
들어가는 샌드위치와 잘 맞는다.

재료 앤초비 3마리, 버터 100g, 올리브오일 1큰술, 사우
어크림 1큰술, 마늘 1작은술, 레몬즙 약간

올리브 버터

통후추가 매콤하게 씹히는 맛

짭짤하고 개운한 맛이 나는 올리브를 다져 만든 버터
이다. 통후추가 매콤하게 씹히는 맛이 새우나 맛살,
흰살 생선 등 해물 재료가 들어가는 샌드위치와 잘
맞는다. 커리로 양념해 만든 속 재료가 들어가는 샌드
위치와도 잘 어울린다.

재료 올리브 3알, 버터 100g, 통후추 약간

연어 스프레드

해산물 샌드위치에 어울리는 맛

훈제 연어의 고소한 맛을 잘 느낄 수 있는 스프레드
로 생야채와 곁들여 카나페에 넣어 먹어도 좋고 해산
물이 들어가는 샌드위치에도 잘 어울린다. 새싹채소나
크레송, 루콜라 등 향이 강한 야채를 곁들여 샌드위치
를 만들 때 좋다.

재료 훈제 연어 4조각, 코티지치즈(또는 크림치즈)
100g, 사우어크림 2큰술, 올리브오일 2큰술, 레몬즙 1작
은술, 파프리카가루 약간

크레송 치즈 스프레드

매운 향이 연어와 햄 샌드위치에 적당한 맛

비타민이 듬뿍 든 건강 스프레드로 크레송을 굵직하
게 다져 씹히는 맛이 남도록 한다. 단, 크레송을 다지
면 금방 시들고 물이 나오기 때문에 먹기 직전에 만
든다. 크레송 특유의 개운하고 매운 향이 잘 느껴지는
소스로 연어나 햄 등이 들어가는 샌드위치에 잘 어울
린다.

재료 크레송 1다발, 코티지치즈 100g, 머스터드 1작은술,
생크림 1큰술, 양파 1/4개, 소금 · 후춧가루 약간씩

호두 크림 스프레드

셀러리와 열대 과일에 잘 어울리는 맛

고소한 호두와 부드럽고 새콤한 크림치즈로 만든 스
프레드. 베이글에 발라 먹어도 좋고 생야채를 듬뿍 넣
은 샐러드에 넣어 먹어도 좋다. 특히 셀러리나 햄과
잘 어울려 같이 넣어 만들면 더욱 풍부한 맛을 즐길
수 있다. 말린 과일이나 열에 익힌 과일이 들어가는
샌드위치와도 잘 어울린다.

재료 호두 10개, 크림치즈 100g, 생크림 2큰술, 너트매
그 약간

가지 스프레드

구운 가지를 으깨서 만드는 스프레드

구운 가지를 으깨 만든 순 식물성 스프레드로 가지
특유의 달짝지근한 맛이 살아 있다. 마늘과 레몬즙이
들어가 고기나 치즈가 들어간 샌드위치에 잘 맞는다.
토마토와 바질, 오레가노 등의 향신료가 듬뿍 들어간
샌드위치에도 어울린다. 가지를 석쇠에 구운 뒤 스푼
으로 긁어 나머지 재료와 함께 믹서에 갈아 만든다.

재료 가지 2개 반, 마늘 1/2쪽, 그린올리브 50g, 레몬즙
$1\frac{1}{2}$큰술, 후춧가루 약간

샌드위치 맛있게 만드는 노하우

빵과 속 재료만 있으면 누구나 만들 수 있을 만큼 부담이 없는 샌드위치. 몇 가지 쿠킹 노하우를 더하면 '이게 집에서 만든 샌드위치 맞아?' 하는 감탄이 저절로 나올 만한 감각 만점의 멋진 샌드위치를 만들 수 있다.

빵을 바삭하게 굽는다

샌드위치를 만들기 전에 빵을 구우면 빵 표면이 굳어져 야채나 다른 속 재료의 수분에 의해 눅눅해지는 것을 방지할 수 있다. 또 빵 특유의 구수한 맛이 샌드위치의 풍미를 더해 주고 샌드위치를 자를 때에도 빵이 밀리지 않아 깨끗하게 자를 수 있다.

다양한 스프레드를 이용한다

빵에 바르는 마요네즈나 버터는 샌드위치의 맛을 좋게 할 뿐만 아니라 유막이 생겨 샌드위치가 눅눅해지는 것을 막을 수 있다. 동시에 빵의 수분이 날아가는 것도 막아 빵이 굳는 것을 방지할 수 있다. 샌드위치 속 재료에 따라 마늘, 치즈, 향신료 등 다양한 재료를 넣어 스프레드를 만들어 보자. 야채 위주로 만든 샌드위치에는 고소한 맛과 영양을 보충하는 역할도 한다.

야채의 수분을 제거한다

만들어서 바로 먹을 샌드위치가 아니라면 양상추 대신 레터스류의 상추나 겨자잎, 새싹채소 같이 물기가 적은 야채를 선택한다. 수분이 적어 눅눅함을 방지할 수 있고 특유의 고소한 맛과 향이 있어 다양한 속 재료가 들어가는 샌드위치에 잘 어울린다. 샌드위치에 자주 쓰는 토마토는 얇게 썰어 물기가 많은 씨 부분을 도려내고 오이는 소금을 뿌린 뒤 꼭 짜서 쓰는 등 가능한 한 야채의 수분을 제거해 샌드위치에 넣는다.

속 재료는 작게 잘라 가지런히 놓는다

샌드위치 속 재료의 크기가 제각각이고 너무 크면 한 입 베어 물었을 때 속 내용물이 다 나와 버린다. 가능하면 균일한 크기로 작게 잘라 준비한다. 속 재료는 가지런히 고루 배열해야 썰 때나 먹을 때 불편하지 않고 맛도 균일하다. 빵 위에 재료를 배열할 때 재료의 끝이 약간씩 겹치도록 늘어놓는 것도 요령이다.

샌드위치는 고정한 뒤 빵칼로 썬다

샌드위치를 다 만든 뒤에는 젖은 행주나 랩으로 싼 후 무게가 있는 도마 등으로 잠시 눌러 샌드위치의 빵과 속 내용물이 고정되도록 한 다음 썬다. 이때 유산지로 포장하거나 이쑤시개나 꼬치로 고정한 뒤 자르면 자를 때 속 재료가 따로 떨어져 나오지 않아 깔끔하다. 빵칼처럼 톱니칼날이 있는 칼로 썰어야 표면이 깨끗하게 잘린다.

각종 피클을 활용한다

피클은 고기 혹은 햄 종류가 들어간 샌드위치는 물론이고 치즈가 들어간 샌드위치에도 상큼한 맛을 내어 질리지 않도록 해 준다. 야채가 없는 경우 피클만 넣어도 좋고 잘게 다져서 스프레드에 섞어 활용해도 좋다. 샐러드가 들어간 샌드위치의 경우 야채에 올리브 오일, 소금, 후춧가루 등과 함께 피클 국물을 넣어 맛을 내면 새콤달콤한 풍미를 더할 수 있다.

다양한 허브와 향신료를 활용한다

향이 강한 허브와 향신료를 고기나 햄, 해물이 들어가는 샌드위치에 넣으면 특유의 냄새를 제거할 뿐만 아니라 재료의 맛을 한층 더 좋게 만든다. 커리 같은 향신료나 바질같이 그 하나만으로도 이국적인 맛을 살릴 수 있는 재료도 과감히 선택해 보자. 평범한 재료지만 허브와 향신료를 이용해 색다른 샌드위치를 만들 수 있다.

샌드위치와 어울리는 음식과 음료

샌드위치를 먹을 때 샐러드나 음료 등을 함께 차리면 식탁을 더욱 풍성하게 차릴 수 있다.
샌드위치 속 재료에 따라 어울리는 사이드 메뉴를 알아보자.

치즈가 많이 들어간 샌드위치

치즈에는 유지방 특유의 고소하고 진한 맛이 있기 때문에 개운한 맛이 나는 음료나 샐러드를 곁들이면 좋다. 토마토와 생야채 등에 새콤한 드레싱을 넣어 만든 가든 샐러드가 잘 어울린다. 음료는 생과일을 갈아 만든 주스나 설탕을 넣지 않은 차가운 아이스티 혹은 화이트와인이 잘 맞는다.

토마토 가든 샐러드

주 재 료　방울토마토 5~6개, 겨자잎, 양상추, 치커리 등 야채 적당량, 보라 양파 1/4개, 다진 호두 2큰술

발사믹식초 드레싱 재료　발사믹식초 2큰술, 올리브오일 1½큰술, 다진 마늘 1작은술, 소금·후춧가루·마른 바질 약간씩

만 들 기　먹기 좋은 크기로 썬 방울토마토와 야채, 채 썬 양파에 호두를 섞고 발사믹식초 드레싱을 뿌려낸다.

햄이나 고기류가 들어간 샌드위치

햄과 고기가 들어간 샌드위치를 먹을 때는 새콤한 맛을 내는 피클을 곁들이거나 셀러리나 파프리카 등을 길게 썰어 만든 야채 스틱, 구운 감자 등을 곁들여 먹으면 맛도 좋고 영양면에서도 균형이 맞는다. 음료는 가미되어 있지 않은 탄산수나 차가운 녹차, 레몬이나 자몽주스, 흑초 음료 등 개운하거나 신맛이 있는 음료를 곁들인다.

오븐에 구운 허브 감자

재 료　감자 3개, 로즈메리 1줄기, 올리브오일 2큰술, 소금·후춧가루 약간씩

만 들 기　감자를 한 입 크기로 썰어 끓는 소금물에 넣고 반 정도 익으면 건져서 로즈메리와 올리브오일, 소금, 후춧가루를 넣고 버무린 다음 180도로 예열된 오븐에서 20분간 노릇하게 굽는다.

생야채가 많이 들어간 샌드위치

생야채가 많이 들어간 샌드위치는 저칼로리에 맛이 개운하지만 영양면에서 보면 단백질이나 지방 성분이 부족해질 염려가 있다. 그래서 달걀이나 감자를 쪄서 마요네즈나 요구르트소스에 버무린 샐러드를 곁들이면 고소한 맛과 포만감을 느낄 수 있다. 음료는 야채의 개운한 맛을 잘 살릴 수 있는 과일 주스가 잘 어울린다.

달걀 감자 샐러드

재 료　달걀 2개, 감자 2개, 마요네즈 2큰술, 플레인 요구르트 1큰술, 다진 양파 1큰술, 식초 1작은술, 머스터드 1큰술, 소금·후춧가루 약간씩

만 들 기　달걀과 감자는 삶은 뒤 큼직하게 잘라 따뜻할 때 분량의 재료를 넣고 섞는다.

해물이 들어간 샌드위치

새우나 참치 등 담백하고 깔끔한 맛을 즐길 수 있는 샌드위치는 곁들이는 음식도 담백한 것으로 한다. 감자나 연근, 토르티아 등을 얇게 썰어 포도씨오일이나 해바라기오일 등 양질의 기름에 튀긴 뒤 가루치즈나 소금으로 맛을 낸 야채칩 그리고 해물과 궁합이 잘 맞는 레몬이 들어간 음료 혹은 허브티를 곁들이면 해물 특유의 풍미를 잘 살리면서 먹을 수 있다.

연근칩

재 료　연근 1/2뿌리, 포도씨오일(튀김용) 적당량, 소금 약간

만 들 기　얇게 썬 연근을 찬물에 잠시 담가 전분기를 뺀 뒤 물기를 닦아 센 불에 바삭하게 튀겨 뜨거울 때 소금을 뿌려 낸다.

감자나 고구마 등이 들어간 샌드위치

감자나 고구마, 단호박 등을 넣어 만든 샌드위치는 다른 샌드위치에 비해 생야채가 덜 들어가 먹다 보면 뻑뻑해진다. 생과일을 한 입 크기로 썬 다음 플레인 요구르트를 끼얹은 샐러드 종류이면 맛과 영양면에서 궁합도 잘 맞고 수분 보충에도 도움이 된다. 곁들이는 음료는 우유나 요구르트가 들어간 셰이크, 스무디 종류가 잘 어울린다.

파인애플 바나나 스무디

재 료　파인애플 1/8개, 바나나 1/2개, 플레인 요구르트 1/2통, 우유 1½컵, 얼음 약간

만 들 기　파인애플과 바나나는 큼직하게 잘라 분량의 재료와 함께 믹서에 넣어 간다.

샌드위치 포장 아이디어

맛깔스러운 빵과 푸짐한 속 재료가 한눈에 쏙 들어오는 샌드위치는 입뿐 아니라 눈도 즐거워지는 음식이다. 도시락이나 선물로도 적당한 것이 샌드위치이기에 어떻게 담느냐에 따라 더욱 맛있어 보일 수 있다. 가장 중요한 포인트는 샌드위치를 망가뜨리지 않고 깔끔하게 먹을 수 있어야 한다는 것이다.

유산지 이용

유산지는 물에도 쉽게 젖지 않고 질겨서 찢어질 염려가 없는데다가 기름기가 묻어도 번지지 않아 샌드위치 포장에 제일 적합하다. 유산지로 샌드위치를 빙 둘러 테이프나 스티커로 고정한 다음 칼로 썰면 속 내용물이 흩어지지 않아 깔끔하게 자를 수 있다. 영자 신문처럼 프린트된 유산지로 포장한 뒤 지끈이나 마끈으로 묶어 네임테그를 붙이면 빈티지한 느낌을 살릴 수 있다.

롤 샌드위치는 사탕처럼 포장

김밥처럼 말아서 만든 롤 샌드위치는 유산지나 포장용 비닐 또는 랩으로 사탕 싸듯이 감싸 포장하면 모양이 예쁘게 유지된다. 먹을 때에도 샌드위치가 손에 직접 닿지 않아 깔끔하다. 사탕 모양으로 포장한 뒤 대각선으로 잘라 짧게 만든 다음 컵에 꽂아 두는 것도 좋은 아이디어다.

바구니 활용

샌드위치에 바구니만큼 잘 어울리는 소품도 없다. 하나하나 포장해서 바구니에 넣으면 보기에도 좋고 다른 짐에 눌려 모양이 일그러질 걱정을 하지 않아도 된다. 바구니에 포장된 샌드위치를 가지런히 넣고 냅킨, 과일이나 음료를 같이 담으면 근사한 선물로 손색이 없다.

커트러리를 함께 포장

샌드위치를 먹을 때 과일이나, 샐러드, 피클 등을 같이 먹게 되는 경우가 있다. 또 포장한 샌드위치를 잘라 나누어 먹는 경우도 있다. 이를 생각하여 나무 포크나 나이프 같은 커트러리를 같이 포장하자. 작은 봉투에 넣어 포장할 때 붙이거나 스티커를 사용해 샌드위치에 같이 붙여 놓으면 보기도 좋고 먹을 때도 유용하다.

깡통, 컵 활용

롤 샌드위치나 토르티아 샌드위치, 바게트 샌드위치처럼 긴 모양의 샌드위치는 빈 깡통이나 컵에 담고 비닐로 싸서 리본으로 묶으면 예쁜 선물용 샌드위치가 된다. 티백 홍차나 허브티 등을 같이 넣어 포장하면 샌드위치 먹을 때 곁들여 먹을 수 있어 좋다.

일회용 쿠키틀·케이크틀 활용

일회용 케이크틀, 특히 파운드 케이크틀을 보면 크기도 큼직하고 튼튼한 종이로 만들어진 것이 많다. 케이크틀 크기에 맞춰 샌드위치를 다양한 모양으로 잘라 가지런히 채우고 비닐로 싸서 고정하면 가방 안에 넣어도 일그러지지 않고 밑바닥이 안정적이다.

CHAPTER 02

식빵을 이용한 샌드위치

손으로 찢어 먹을 수 있을 정도로 부드럽고 풍부한 맛이 특징인 식빵은
촉촉해서 다양한 샌드위치를 만들 수 있다.
일반 야채나 햄은 물론 감자, 고구마로 만든 샐러드를 넣어도 잘 어울리고
달걀옷을 입혀 굽는 프렌치 토스트를 만들면 부드러워서 아침식사로 좋다.
김밥처럼 롤 샌드위치를 만들거나 컵 안에 넣고 구워도 부스러지지 않기 때문에
재미있는 샌드위치로도 응용할 수 있다.

단호박 햄말이 샌드위치

단호박을 달콤하고 부드럽게 구워 짭짤한 햄과 곁들여 낸 샌드위치. 단호박은 각종 비타민과
식이섬유가 풍부해 변비를 예방하고 피부미용에 좋아 여성에게 특히 좋은 야채이다.
카로틴이 풍부해 올리브오일과 같이 섭취하면 흡수가 더욱 잘 된다.

재료(2인분)

잡곡식빵	2장
미니 단호박	1/4통
햄(프로슈토나 저염 베이컨)	10장
올리브오일	2작은술
후춧가루	1/4작은술
어린잎채소	적당량

겨자버터 재료
- 머스터드 ·············· 1작은술
- 버터 ·············· 1큰술
- 후춧가루 ·············· 약간

1. 미니 단호박은 겉을 깨끗이 씻어 반으로 가른 다음
   속의 씨를 파내고 껍질째 반달 모양을 살려 0.5센티미터 두께로 썬다.
2. 얇게 썬 단호박을 내열용기에 넣고 랩으로 씌운 다음
   전자레인지에서 50초간 익힌다.
3. 재료에 제시된 겨자버터 재료로 겨자버터를 만들어
   식빵 한쪽 면에 얇게 펴 바른다.
4. 익힌 단호박에 햄을 감은 뒤 식빵에 얹고 올리브오일과 후춧가루를 뿌린 뒤
   180도로 예열된 오븐에서 3~5분간 굽는다.
5. 구운 샌드위치 위에 어린잎채소를 올려 먹는다.

🥄 전자레인지로 시간 단축하기

단호박을 전자레인지에서 미리 한 번 익힌 뒤 오븐에서 구우면 요리 시간을 단축할 수 있을 뿐 아니라 처음부터
오븐에 구운 것 같은 구수한 맛과 향을 낼 수 있다. 단호박을 빵 가운데 부분에 올리기 때문에 겨자버터를 바를 때
에는 가장자리 부분을 두껍게 바르고 안쪽 부분을 얇게 발라야 가장자리를 태우지 않고 고루 구울 수 있다.

명란 감자 샌드위치

짭짤한 명란젓의 감칠맛과 부드러운 감자 그리고 개운한 무순이 잘 어우러진 샌드위치.
명란에는 단백질과 미네랄 성분이 풍부하고 뇌 발달에 도움이 되는 레시틴 성분이 다량 함유되어 있다.
감자에는 비타민C가 풍부하고 불필요한 염분을 배출하는 데 도움을 주는 칼륨 성분이 많아
염분이 많은 명란젓의 단점을 잘 보완한다.

1. 감자는 껍질을 벗기고 큼직하게 토막 내어 소금물에 삶는다.
   젓가락으로 찔러 보아 푹 들어가면 냄비의 물을 따라 버리고
   가열하여 수분을 날린다.
2. 명란젓은 껍질을 가르고 속을 파낸다.
3. 오이는 얇게 썰어 소금에 절인 뒤 물이 나오면
   손으로 꽉 짜 큼직하게 다진다.
4. 볼에 감자와 명란젓, 오이를 넣고 무순을 제외한
   나머지 재료를 전부 넣어 버무린다.
5. 고추냉이 마요네즈 재료를 분량대로 섞는다.
6. 바삭하게 구운 통밀식빵에 고추냉이 마요네즈를 펴 바르고
   4의 명란감자를 두툼하게 얹은 뒤 무순을 올리고
   식빵으로 덮은 다음 먹기 좋게 썬다.

재료(2인분)

통밀식빵	4장
감자(작은 것)	2개
오이	1/4개
명란젓	1/2개
저지방 마요네즈	2큰술
버터	1작은술
청주	1/2작은술
무순	1/4팩
소금·후춧가루	약간씩

고추냉이 마요네즈 재료
- 연고추냉이 ……………… 1작은술
- 마요네즈 ……………… $1\frac{1}{2}$큰술
- 레몬즙 ……………… 약간

🥄 파르메잔치즈로 간 맞추기

명란젓은 짠맛이 강하기 때문에 소금간은 하지 않고 싱거울 경우 파르메잔치즈를 더 넣어 간한다. 속을 파내고 남은 명란젓 껍질은 잘게 썰어 달걀말이나 찜을 할 때 넣으면 좋다. 명란젓과 감자 섞은 것을 넉넉히 만들어 위에 모차렐라치즈를 얹어 그라탱으로 만들어 먹어도 훌륭한 영양 간식이 된다.

오코노미 샌드위치

일본의 대표적인 간식 오코노미야키처럼
양배추를 듬뿍 넣어 부친 달걀에 소스와 가츠오부시를 뿌려 만든 샌드위치.
쫄깃하게 씹히는 오징어와 달콤짭짤한 소스, 가츠오부시의 향이 매력적이다.
양배추에는 칼슘과 위장에 좋은 비타민U가 풍부하게 들어 있다.
부드럽고 자극이 없어 아침에 먹으면 더욱 좋다.

재료(2인분)

쌀식빵	4장
양배추잎	2장
대파	8cm
쪽파	1대
로메인 레터스	2장
오징어 다리	1/2마리 분량
달걀	2개
가츠오부시	1큰술
버터	1큰술
저지방 마요네즈	1큰술
청주	1작은술
포도씨오일	1작은술
소금·후춧가루	약간씩

오코노미소스 재료

돈가스소스	1큰술
간장	1작은술
올리고당	1작은술
후춧가루	약간

1. 양배추는 가늘게 채 썰고 대파는 어슷하게 썬다. 쪽파는 송송 썰고 로메인 레터스는 큼직하게 썬다. 로메인 레터스 대신 양상추를 사용해도 된다.
2. 오징어 다리는 잘게 토막 낸 뒤 청주를 뿌린다.
3. 볼에 달걀을 푼 다음 양배추, 대파, 오징어 다리와 소금, 후춧가루를 넣어 잘 섞는다.
4. 달군 팬에 포도씨오일을 두르고 3의 달걀 반죽을 식빵 크기에 맞춰 노릇하게 부친다.
5. 오코노미소스 재료를 분량대로 섞는다.
6. 구운 식빵 한쪽 면에 버터를 얇게 펴 바른 다음 큼직하게 썬 로메인 레터스를 깔고 위에 달걀 부친 것을 얹는다.
7. 6 위에 오코노미소스를 바르고 마요네즈를 뿌린 뒤 송송 썬 쪽파와 가츠오부시를 얹는다.

✎ 양배추 대신 숙주를 넣어도 좋다

양배추 양을 줄이고 숙주를 넣으면 아삭아삭하게 씹히는 맛이 좋다. 또 마요네즈에 식초와 겨자를 약간씩 넣으면 마요네즈의 느끼한 맛을 줄일 수 있다. 남는 달걀 반죽에 밀가루 혹은 부침가루를 섞어 부친 다음 소스와 마요네즈, 가츠오부시를 뿌리면 정통 오코노미야키가 된다.

1. 밤고구마는 껍질째 찜통에 넣어 찐 다음 껍질을 벗기고 큼직하게 토막 낸다.

2. 피스타치오와 말린 살구는 큼직하게 다진다.

3. 볼에 찐 고구마와 나머지 재료를 넣고 주걱으로 고루 섞어 속을 부드럽게 만든다.

4. 식빵은 가장자리를 잘라내고 밀대로 밀어 납작하게 만든다.

5. 식빵 한쪽에 고구마 속을 일자로 가지런히 얹은 다음 김밥 말듯이 돌돌 말아 랩이나 유산지 등으로
   사탕 싸듯이 싸서 모양을 고정시킨다. 취향에 따라 한 입 크기로 썰거나 그대로 먹는다.

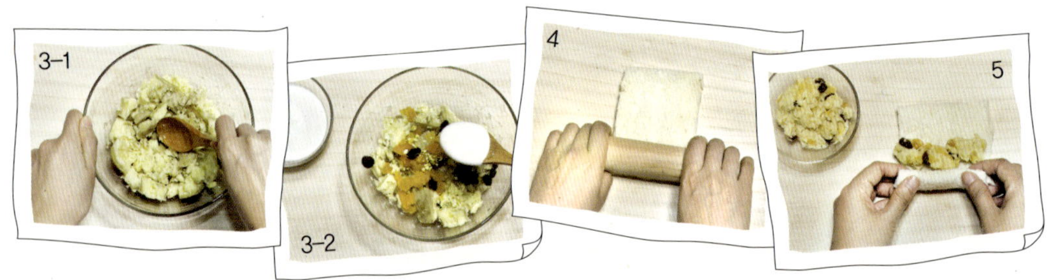

🥄 요구르트 대신 생크림으로 더 부드럽게

고구마를 큼직하게 으깨어 만들면 고구마 씹는 맛을 즐길 수 있고 플레인 요구르트 대신 생크림을 넣으면 더욱 풍
부하고 부드러운 맛을 낼 수 있다. 밤고구마가 아닌 일반 고구마 혹은 호박고구마를 쪄서 만들 경우 수분이 많기
때문에 플레인 요구르트 분량을 줄여야 한다.

고구마 롤 샌드위치

고구마를 쪄서 건포도, 요구르트 등으로 부드러운 속을 만든 다음 식빵에 넣고 말아 만든 롤 샌드위치.
식이섬유와 비타민C가 풍부한 고구마가 혈압과 콜레스테롤 수치를 낮추며
비피더스균이 풍부한 요구르트가 장 운동을 활발하게 해 준다.

깨 치킨 샌드위치

맛이 담백한 닭가슴살을 달콤한 해선장과 고소한 깨로 맛을 낸 뒤 각종 생야채와 곁들인 샌드위치이다.
닭가슴살은 지방이 적고 단백질과 비타민A가 풍부해 다이어트식으로 좋다.
통깨에는 비타민E가 풍부해 노화를 방지하고 검은깨에는 불포화지방산이 많아 혈액순환에 도움을 준다.

재료(2인분)

쌀식빵	4장
닭가슴살	1장
상추	2~3장
래디시	1개
보라 양파	1/4개
통깨·검은깨	1작은술씩
포도씨오일	2작은술

닭 재움 양념 재료

해선장	1큰술
간장	2작은술
양파즙	1큰술
청주	1/2큰술
후춧가루	약간

겨자 두부 스프레드 재료

연겨자	1/2큰술
두부	1/8모
버터	1큰술

1. 닭가슴살은 포를 떠 2등분한 뒤 닭 재움 양념에 20분 이상 재워 둔다.
2. 래디시는 얇게 썰고 보라 양파는 가늘게 채 썬다.
3. 달군 팬에 포도씨오일을 넣고 양념한 닭가슴살을 구운 뒤
   다 익어 뜨거운 상태일 때 통깨와 검은깨를 뿌린다.
4. 겨자 두부 스프레드를 만든다. 두부는 칼로 으깨어 면보자기에 넣어
   물기를 짠 뒤 나머지 분량의 재료와 함께 고루 섞는다.
5. 구운 식빵에 겨자 두부 스프레드를 고루 펴 바른 뒤 상추, 구운 닭가슴살과
   래디시, 채 썬 양파를 얹은 다음 식빵으로 덮고 먹기 좋은 크기로 썬다.

🍶 해선장 대신 간장과 꿀로 맛내기 & 두부 물기 쉽게 제거하기

해선장이 없는 경우 간장과 꿀을 이용해 달콤짭짤한 맛을 내면 된다. 두부를 으깨기 전에 마른 행주로 감싼 뒤
도마같이 무거운 것을 올려 1시간 정도 두면 물기가 충분히 빠진다. 시간이 없을 경우 내열용기에 두부를 넣고
전자레인지에서 1~2분 정도 가열하면 물기가 알맞게 제거된다. 남는 두부는 물에 담가 냉장고에 넣어 보관한다.

훈제연어 클럽 샌드위치

부드럽고 맛이 풍부한 훈제연어와 구수하고 신맛이 있는 호밀식빵, 각종 생야채가 풍부히 어우러진 3단 샌드위치이다. 연어에는 오메가3 지방산이 풍부해 다크서클 예방에 효과가 있다. 하지만 다른 생선류에 비해 느끼한 편이므로 잘게 썬 양파나 케이퍼를 곁들여 담백하게 즐기도록 한다.

재료(2인분)

호밀식빵	6장
냉동 훈제연어	8~10쪽
토마토	1개
양파	1/8개
겨자잎	6장
새싹채소	약간
케이퍼 크림치즈 재료	
크림치즈	6큰술
케이퍼	1큰술
레몬즙	1/2큰술
후춧가루	약간

1. 냉동 훈제연어는 실온에서 해동한다.
2. 토마토는 얇게 썰어 속의 씨 부분을 제거한다.
3. 양파는 가늘게 채 썬 뒤 찬물에 담갔다 건져 마른 행주나 종이타월로 물기를 닦아 낸다.
4. 케이퍼를 잘게 다진 뒤 나머지 케이퍼 크림치즈 재료와 함께 고루 섞는다.
5. 그릴 자국을 내어 구운 식빵에 케이퍼 크림치즈를 듬뿍 바른 뒤
   겨자잎, 토마토를 얹고 다른 식빵으로 덮는다. 그 위에 다시 케이퍼 크림치즈를 바르고
   겨자잎, 훈제연어, 양파, 새싹채소를 얹는다. 그 위에 케이퍼 크림치즈를 바른 다음 식빵으로 덮는다.
6. 먹기 좋은 크기로 자른다.

✎ 크림치즈 대신 사우어크림으로

케이퍼는 짠맛이 강한 염장식품이긴 하지만 물에 20분 정도 담가 두면 짠맛이 빠진다. 따라서 케이퍼 맛을 좋아한다면 이와 같은 방법으로 염분을 뺀 다음 케이퍼 양을 늘려 케이퍼 크림치즈를 만들도록 한다. 사우어크림이 있다면 크림치즈 대신 써도 잘 어울린다. 크림치즈보다 수분이 많기 때문에 사우어크림과 버터를 3:1로 섞는다.

핫 에멘탈 치즈 토스트

식빵 사이에 치즈와 시금치, 햄을 넣어 달걀물을 씌운 뒤 팬에 노릇하게 구워낸 짭짤하고 고소한 맛이 나는 샌드위치이다. 녹황색 야채의 대표선수인 시금치는 열을 가해도 영양과 풍미를 잃지 않을 뿐만 아니라 카로틴, 비타민B1, 비타민B2, 비타민C, 철분을 다량 함유하고 있어 빈혈인 사람에게 특히 좋다.

재료(2인분)

통밀식빵 ······················· 4장
슬라이스 체다치즈 ········ 2장분
시금치 ··························· 6장
살라미 ···························· 2장
달걀 ······························· 2개
우유 ···························· 4큰술
포도씨오일 ················· 2작은술
슈가파우더·소금·후춧가루 약간씩
마늘 마요네즈소스 재료
  { 다진 마늘 ············· 2작은술
  { 저지방 마요네즈 ······· 2큰술
  { 후춧가루 ················· 약간

1. 시금치는 큼직한 잎 부분을 잘라 준비한다.
2. 볼에 달걀, 우유, 소금, 후춧가루를 넣어 잘 푼다.
3. 분량의 재료로 마늘 마요네즈소스를 만든다.
4. 식빵 안쪽면에 마늘 마요네즈소스를 얇게 펴 바른 뒤
   체다치즈와 시금치, 살라미를 얹고 다른 식빵으로 덮는다.
5. 4의 샌드위치를 2의 달걀물에 살짝 담갔다가
   포도씨오일을 넣어 달군 팬에서 노릇하게 굽는다.
6. 완성된 샌드위치를 먹기 좋은 크기로 썬 다음 슈가파우더를 뿌린다.

🥄 **달걀물은 겉면만 살짝 적셔야 맛있다**

에멘탈치즈, 모차렐라치즈 등 다양한 치즈를 활용해 만들 수 있는 샌드위치로 식빵 한쪽 면에 마늘 마요네즈 대신
딸기잼이나 사과잼을 발라도 새콤달콤한 맛이 잘 어울린다. 샌드위치를 달걀물에 담글 때에는 겉면만 살짝 적시듯
이 담가야 눅눅하지 않고 부드러운 토스트를 만들 수 있다.

🥄 **슈가파우더 만들기**

슈가파우더는 빵에 장식용으로 뿌린 것이기 때문에 생략해도 된다.
집에서 만들 경우 유기농설탕 1컵, 감자전분 1작은술을 섞어 믹서에 곱게 간다.

1. 식빵은 귀퉁이 부분을 잘라내고 밀대로 얇게 민다.

2. 카망베르치즈는 손톱만 한 크기로 썰고 방울토마토는 1/4등분한다.

3. 볼에 달걀과 우유, 바질가루, 소금, 후춧가루를 넣고 고루 섞는다.

4. 베이킹 컵 혹은 수플레 틀 안에 얇게 민 식빵을 넣어 깐다.

5. 4의 빵 속에 카망베르치즈와 방울토마토를 넣은 뒤
   3의 달걀물을 붓고 올리브오일을 뿌린 다음 알루미늄포일을 덮는다.

6. 180도로 예열된 오븐에서 30~40분간 굽는다.

올리브오일이나 현미유버터를 발라 더 노릇하게

파이 반죽에 다양한 식재료를 넣어 굽는 키쉬(quiche) 느낌의 샌드위치다. 치즈, 토마토뿐 아니라 버섯이나 양파 등 좋아하는 재료를 넣어 다양하게 응용할 수 있다. 알루미늄포일을 덮어 구우면 빵이 덜 타고 촉촉하게 익지만 겉이 노릇하게 익기 원하는 경우 빵을 컵에 담은 뒤 빵 가장자리 부분에 올리브오일이나 현미유를 얇게 발라 포일을 덮지 않고 그대로 굽는다.

브런치 컵 샌드위치

식빵을 컵 모양으로 만들어 치즈와 달걀, 토마토로 속을 채워 구운 샌드위치다. 달걀에는 양질의 단백질과 철분, 각종 비타민이 풍부한데다 콜레스테롤 수치를 낮추는 레시틴이라는 성분이 많이 들어 있다. 여기에 고소한 우유와 치즈로 칼슘을 더하고 방울토마토로 비타민과 상큼한 맛을 더하면 영양만점 샌드위치가 된다.

지구를 식히는 생활의 지혜

친환경주의자 조동섭

오랜 잡지기자 생활을 거쳐 출판기획과 번역일을 하는 조동섭 씨가 친환경주의자로 널리 알려진 것은 「중앙선데이」의 '그린 라이프'라는 칼럼을 통해서이다. 소소한 일상에서 친환경적인 선택과 그로 인한 약간의 번거로움이 우리 삶을 얼마나 풍부하게 하는지 재치 있으면서도 따뜻한 그의 글을 읽다보면 어느새 미소 짓고 있는 자신을 발견하게 된다. 겨울에서 봄으로 넘어가는 어느 볕 좋은 날에 안국동 아름다운카페에서 조동섭 씨를 만났다.

조동섭 씨는 서로 가볍게 인사를 나누고 나서는 손수 챙겨온 친환경 아이템 몇 가지를 소개하며 말문을 열었다.

"이건 아주 널리 알려진 친환경 비누예요. W 스토어 같은 드럭 스토어에서 구입할 수 있고, 인터넷에서도 손쉽게 구할 수 있죠. 요새 나오는 비누들을 보면 대부분 순식물성 비누라고 소개하지만 식물성이라고 다 같은 식물성이 아니에요. 비누의 주원료인 기름을 식물성으로 사용한다는 것인데 보통의 식물성 비누에 사용되는 기름은 대부분 팜유예요. 팜유를 얻기 위해 매우 많은 농약을 사용하고 또한 대규모 플랜테이션 농업을 통해 노동 착취도 많이 일어나고 있습니다. 식물성이라고 하면 다 좋을 것 같지만 실상은 그렇지가 않아요." 알면 알수록 아무것도 먹을 수 없고 쓸 수도 없을 것 같다. 식물성 비누조차 믿고 쓸 수 없다니……

"물론 믿을 만한 기름으로 비누를 직접 만들어 쓰면 좋겠죠. 하지만 모든 가정에서 비누를 만들어 쓸 수는 없잖아요. 그래서 잘 골라 사자는 말이지요. 적어도 팜유가 들어 있는 비누는 피했으면 좋겠어요."

그가 다음으로 소개한 아이템은 휴대용 장바구니다. 비닐봉투가 좋지 않다는 것은 이제 누구나 안다. 하지만 맨손으로 마트에 들어가면 어쩔 수 없이 비닐봉투에 물건을 담아 와야 하는데, 휴대용 장바구니를 가지고 다닌다면 봉투값을 절약할 뿐 아니라 지구를 살리는 데도 일조하게 될 것이다. "특히 맞벌이하는 주부라면 퇴근길에 마트에 들르는 게 일상이니 휴대용 장바구니야말로 필수 아이템이겠죠?"

이어서 그가 소개한 것은 유기농 면으로 만든 티셔츠다.

"유기농 면으로 만든 옷을 입으면 피부에 좋을 것 같고 유기농 야채를 먹으면 몸에 좋을 것 같아 자기 몸을 위해, 자기 가족의 몸을 위해 유기농을 찾는 사람이 많아요. 그런데 유기농 제품이 각각의 몸에 미치는 영향은 사실 크지 않아요. 유기농 제품을 써야 하는 진짜 이유는 땅 때문이에요. 땅에 계속해서 농약을 치고 제초제를 뿌리면 그 땅이 어떻게 되겠어요? 땅의 성질이 바뀌어 버리면

돌이키기 어려운 문제가 돼 버리죠."

유기농과 관련한 이야기가 나오자 먹을거리 이야기로 자연스레 화제가 옮겨 갔다. 그만의 요리법은 무엇일까?

"최대한 덜 하기요. 좋은 재료를 골라 가급적 그대로 먹는 것이 최상의 레시피라고 생각해요."

헬렌 니어링의 『소박한 밥상』에서 강조하는 것도 기본적으로 '안 하기'라고 한다. 요즘은 요리에서도 더 화려하게 자꾸 뭔가를 추가하는 게 추

세인 것 같다. 하지만 완벽함이란 더할 것이 없는 상태가 아니라 뺄 것이 없는 상태라고 했다.

"샐러드도 특별히 드레싱을 만들어 먹지는 않아요. 그냥 통후추 갈아서 뿌리거나 싱거우면 소금만 살짝 쳐서 먹죠. 좋은 된장만 있으면 식사 걱정은 없어요. 된장에 호박과 고추, 멸치에 계절 나물까지 있으면…(꿀꺽)"

그만의 특별한 샌드위치 레시피가 있는지 물었다.

"기본적으로는 집에 있는 이런저런 재료들을 빵에 얹어서 먹곤 해요. 음, 추천하고 싶은 샌드위치로는 수란 샌드위치가 있어요. 토스트에 수란을 얹고 후춧가루와 소금을 조금 뿌려서 먹으면 돼요. 아주 간단하죠?"

수란은 물 수(水)에 알 란(卵). 즉 끓는 물에 달걀을 깨서 살짝 넣었다 건지면 흰자만 익고 노른자는 익지 않은 채 흐물흐물한 상태의 달걀 요리가 되는데 이것이 수란이다.

"빵은 주로 통밀빵을 먹어요. 혼자 살다보니 빵을 한 봉지 사면 남기 때문에 냉동실에 얼렸다가 먹고는 해요. 통밀빵은 얼렸다 녹이면 좀 많이 부서지는데 그것도 나름대로 재밌고 맛있더라고요."

왜 친환경 단체 등에서 활발하게 활동하지 않느냐는 질문에 "밖에 나가서 사람들과 함께하는 것보다는 집에서 혼자 하는 걸 즐겨요. 그래서 살림하는 걸 좋아해요."라며 웃으며 귀띔하는 그는 현재 친환경 살림살이에 대한 책을 집필 중이다. 생활에서 터득하고 국내외의 여러 책을 통해 배우고 익힌 내용들을 가지고 독자들과 글로 소통하고 싶다고 한다. 무엇은 안 된다는 식의 충고보다는 평범한 사람들도 쉽게 따라할 수 있는 소소한 정보들을 많이 제공하고 싶다는 그의 소박한 계획이 좋은 결실을 맺길 기원했다.

eter of a circle is 20Cm

CHAPTER 03

햄버거 번과 핫도그 번을 이용한 샌드위치

두툼하게 한 입 가득히 씹는 맛이 좋은 햄버거 번과 핫도그 번은
고기, 야채, 치즈 등 다양한 재료가 고루 들어가는 샌드위치에 잘 어울린다.
특히 생야채나 소스를 듬뿍 넣어 만들어야 맛이 제대로 난다.
핫도그 번은 한쪽 면이 막혔기 때문에 먹다가 자칫 속이 삐져나올 수도 있는
작은 속 재료나 소스를 넣어 만들 때 쓰면 좋다.
빵은 반드시 살짝 구웠다가 샌드위치를 만들어야 훨씬 부드럽고 맛있다.

포테이토 칠리독

구운 감자 특유의 구수한 맛과 고기와 콩 씹히는 맛이 즐거운 칠리소스 핫도그이다.
강낭콩에는 사포닌과 아이소플라본 등 항산화성분이 풍부히 들어 있어 각종 성인병 예방에 좋다.
단백질이 다량 함유되어 있기 때문에 감자, 빵을 곁들여 탄수화물을 보충하고
새콤한 토마토로 만든 소스를 더하면 맛과 영양을 더욱 높일 수 있다.

재료(2인분)

핫도그 번 ···················· 2개
감자(큰것) ···················· 1개
셀러리 ···················· 5cm
셀러리잎 ···················· 3장
올리브오일 ···················· 1/2큰술
다진 로즈메리 ···················· 1작은술
씨겨자 ···················· 1큰술
포도씨오일 ···················· 1큰술
소금·후춧가루·파슬리가루 약간씩
강낭콩 칠리소스 재료
　토마토 홀 ···················· 1/2캔
　불린 강낭콩 ···················· 1/2컵
　다진 쇠고기 ···················· 1/2컵
　다진 마늘 ···················· 1/2큰술
　레드 와인 ···················· 1큰술
　케첩 ···················· 2큰술
　돈가스소스 ···················· 1큰술
　칠리파우더 ···················· 1큰술
　월계수잎 ···················· 1장
　타임 ···················· 1/4작은술
　물 ···················· 1/2컵
　소금·후춧가루 ···················· 약간씩

1. 토마토 홀은 작게 다진다. 불린 강낭콩은 소금물에 넣어 익힌 다음 건져 물기를 뺀다.
2. 포도씨오일을 넣어 달군 팬에 다진 마늘을 넣고 향을 내어 볶다가 다진 쇠고기를 넣고
   소금, 후춧가루로 간을 한 다음 레드 와인을 넣어 잡내를 없앤다.
3. 2에 강낭콩을 제외한 모든 소스 재료를 넣고 끓기 시작하면
   삶은 강낭콩을 넣고 뭉근하게 끓인다. 소스가 졸아 걸쭉해지면 불을 끈다.
4. 감자는 얄팍하게 썬 다음 찬물에 담가 두었다가 끓는 소금물에 데쳐 반 정도 익으면 건져 올리브오일과
   로즈메리, 소금, 후춧가루를 넣어 버무린 다음 180도로 예열된 오븐에서 15~20분간 노릇하게 굽는다.
5. 셀러리는 잘게 다진다.
6. 따뜻하게 데운 핫도그 번을 반으로 갈라 씨겨자를 얇게 바른 뒤
   셀러리잎, 구운 감자와 칠리소스를 얹고 다진 셀러리와 파슬리가루를 얹어 낸다.

🥄 파스타에 응용해도 좋은 강낭콩 칠리소스

칠리파우더가 없다면 같은 양의 고운 고춧가루를 넣은 뒤 커리가루를 약간만 넣으면 비슷한 맛을 낼 수 있다.
강낭콩 칠리소스가 남으면 파스타에 넣거나 구운 고기에 소스로 얹어 먹어도 좋다.
소스가 시큼하다면 버터를 1큰술 넣는다. 소스의 맛이 훨씬 부드럽고 풍부해진다.
토마토 홀(tomato hole)은 토마토를 껍질과 씨를 제외하고 통조림 제품으로 만든 것으로 맛이 진한 소스를 만들 때 좋다.

양배추 와인볶음 핫도그

아삭아삭 씹히는 양배추 와인볶음과 소시지가 만난 핫도그이다. 열에 영양소가 쉽게 파괴되는 보통 야채와는 달리 양배추는 볶거나 익혀도 영양면에서 큰 손실이 없다. 화이트 와인 특유의 개운한 맛과 타임의 알싸한 향이 소시지와 잘 어울린다.

1. 양배추는 잘게 채 썬다.
2. 달군 팬에 포도씨오일을 두르고 양배추를 센 불에 살짝 볶는다.
   양배추가 숨이 죽기 시작하면 화이트 와인과 식초, 타임을 넣고
   소금, 후춧가루로 간해서 볶은 뒤 곧바로 불을 끈다.
3. 수제 소시지에 칼집을 넣은 다음 끓는 물에 넣어 데친다.
4. 구운 핫도그 번 한쪽 면에는 마요네즈를 바르고
   다른 한쪽 면에는 케첩을 바른다.
5. 빵 위에 겨자잎, 양배추볶음, 소시지를 끼운 뒤 씨겨자를 곁들어 먹는다.

재료(2인분)

잡곡 핫도그 번	2개
양배추잎	4장
수제 소시지	2개
겨자잎	2장
저지방 마요네즈	1큰술
케첩	1큰술
화이트 와인	1/2큰술
식초	1/2큰술
타임	1/2작은술
포도씨오일	2작은술
씨겨자	적당량
소금·후춧가루	약간씩

📝 볶음 요리에 활용하는 피클 국물

양배추를 볶을 때 식초 대신 피클 국물을 넣으면 더 풍부한 맛을 낼 수 있다. 소시지가 없을 때에는 닭가슴살로 대신해도 좋다. 그 대신 바질, 로즈메리, 커리가루 등 다양한 허브와 향신료로 양념해 맛과 향을 강하게 만들어야 한다.

아보카도 새우 핫도그

각종 향신료로 매콤하게 양념해 구운 새우에 고소한 아보카도와 생야채를 곁들여 만든 핫도그이다.
아보카도에는 콜레스테롤 수치를 낮추는 불포화지방산, 비타민E와 각종 미네랄이 들어 있어 노화방지와
간 기능 개선에 효과가 있다. 맛이 부드러운 아보카도는 새우와 특히 잘 어울리지만 특유의 맛이 느끼하게
느껴진다면 상큼한 레몬이나 토마토를 곁들인다.

재료(2인분)

잡곡 핫도그 번 ······················· 2개
새우(중하) ·························· 8~10마리
아보카도 ······························· 1/2개
토마토 ································· 1/2개
레터스 상추 ···························· 4장
저지방 마요네즈 ············· $1\frac{1}{2}$큰술
다진 마늘 ······························ 1큰술
굵은 고춧가루 ··············· 1/2작은술
화이트 와인 ······················· 1작은술
오레가노 ·························· 1/4작은술
포도씨오일 ······················· 1/2큰술
소금·후춧가루 ······················· 약간씩
타르타르소스 재료
 ┌ 저지방 마요네즈 ··········· 2큰술
 │ 양파 ····························· 1/8개
 ┤ 오이피클 ······················· 1/2개
 │ 레몬즙 ······················· 1작은술
 └ 소금·후춧가루·파슬리가루 약간씩

1. 달군 팬에 포도씨오일, 다진 마늘을 넣고 볶아
   향이 나면 새우와 굵은 고춧가루를 넣고
   화이트 와인, 오레가노, 소금, 후춧가루를 넣은 뒤 센 불에 볶는다.
2. 아보카도와 토마토는 얇게 썬 다음 속의 씨 부분을 뺀다.
   레터스 상추는 큼직하게 손으로 뜯는다.
3. 타르타르소스를 만든다. 양파는 잘게 다진 뒤 소금을 뿌려
   물이 나오면 손으로 꼭 짜내고 오이피클도 다져 물기를 짠 다음
   나머지 타르타르소스 재료와 함께 볼에 넣고 섞는다.
4. 따뜻하게 구운 핫도그 번은 반으로 갈라
   마요네즈를 바르고, 레터스 상추, 아보카도, 토마토, 새우를 얹어낸다.
5. 4의 샌드위치 위에 타르타르소스를 얹는다.

🥄 밥반찬으로도 좋은 아보카도 & 레터스 상추 대신 상추를

아보카도는 약간 말랑말랑하고 껍질색이 짙어야 잘 익은 것으로 덜 익은 것은 특유의 부드러운 맛이 거의 없고 떫다. 썰면 변색되기 때문에 레몬즙을 뿌린다. 고추냉이(와사비)나 김, 간장과도 잘 어울리므로 남은 아보카도는 얇게 썰어 구운 김에 싼 다음 고추냉이 간장에 찍어 밥반찬으로 활용하자.
레터스 상추 대신 상추를 이용해도 된다. 단 일반 상추는 수분이 많으므로 만들어 바로 먹는다.

1. 캔 참치는 기름을 따라내고 블랙 올리브는 얇게 썬다.
   달걀은 삶아 큼직하게 썰고 방울토마토는 1/4등분한다.
2. 아스파라거스는 감자칼로 섬유질을 벗긴 다음
   3센티미터 길이로 썰어 끓는 소금물에 살짝 데친다.
3. 드레싱 재료를 분량대로 섞어 만든다.
   셀러리 마요네즈는 셀러리를 잘게 다져 나머지 재료와 섞는다.
4. 볼에 1, 2의 재료와 드레싱을 넣고 가볍게 섞는다.
5. 따뜻하게 데운 핫도그 번은 반 가르고 안쪽에 셀러리 마요네즈를 바른 뒤
   속에 치커리와 완성된 샐러드를 채운다.

재료(2인분)

잡곡 핫도그 번	2개
참치통조림	1/2캔(소)
블랙 올리브	3알
삶은 달걀	1개
방울토마토	3개
아스파라거스	1줄기
치커리	적당량

드레싱 재료

레몬즙	1/2큰술
로즈메리	1/2작은술
다진 양파	1큰술
소금·후춧가루	약간씩

셀러리 마요네즈 재료

셀러리	8cm
저지방 마요네즈	2큰술
후춧가루	약간

🔖 올리브 짠맛 없애기

블랙 올리브나 그린 올리브는 국물을 따라 버리고 대신 올리브오일을 가득 채워 3~4일 지난 다음 먹으면 짠맛이 빠져 고소한 올리브의 맛을 제대로 느낄 수 있다. 남은 올리브오일은 올리브의 맛이 배어 있으므로 요리할 때 쓴다. 오일에 담근 올리브는 다진 양파와 커리가루를 넣고 버무려 맥주 안주로 곁들여도 좋다.

니스식 샐러드 핫도그

참치는 생선과 육류 중 노화방지, 해독 작용이 탁월한 셀레늄이라는 성분이 풍부하게 들어 있다.
또 뇌 발달에 좋은 DHA가 다량 함유되어 성장기 어린이는 물론 노인의 치매예방에도 효과가 있다.
참치는 자칫 느끼할 수도 있기 때문에 고소한 아스파라거스, 상큼한 레몬즙을 넣어
담백한 샐러드로 만든 뒤 빵과 곁들여 샌드위치로 만들었다.

매운 쇠고기 버거

쇠고기 패티에 청양고추와 핫소스를 넣어 매콤하고 개운한 맛을 살렸다. 고추의 캡사이신이라는 항산화 성분은 염증을 억제하는 작용을 하는데 위염과 췌장암에 효과가 있다. 하지만 너무 많이 먹으면 위 점막을 손상시킬 수 있기 때문에 단백질이 풍부하면서도 지방질이 적은 살코기와 함께 섭취하는 것이 좋다.

재료(2인분)

햄버거 번 …………………… 2개
치커리(또는 겨자잎) ……… 4장
양파 ……………………… 1/4개
토마토 …………………… 1/2개
체다치즈 슬라이스 ………… 2장
씨겨자 …………………… 2큰술
포도씨오일 ……………… 2큰술
햄버거 패티 재료
　다진 쇠고기 …………… 150g
　양파 …………………… 1/8개
　청양고추 ……………… 1/2개
　빵가루 ………………… 1/2큰술
　우유 …………………… $1\frac{1}{2}$큰술
　핫소스 ………………… 1작은술
　달걀 …………………… 1/2개
　너트매그·바질·소금·후춧가루 약간씩
피클 마요네즈
　피클 ……………………… 1개
　저지방 마요네즈 ……… 1큰술
　후춧가루 ………………… 약간

1. 햄버거 패티를 만든다. 양파와 청양고추는 잘게 다진 뒤 포도씨오일을 넣어 달군 팬에 양파를 넣고 볶아 숨이 죽기 시작하면 청양고추를 넣고 센 불로 볶은 뒤 불을 끄고 식힌다.
2. 볼에 다진 쇠고기와 볶은 양파, 고추 그리고 나머지 패티 재료를 넣고 치대면서 반죽한 다음 한 번 먹을 분량으로 나누어 동글납작한 모양으로 빚는다.
3. 양파와 토마토는 얇게 썬 뒤 토마토 속의 씨 부분을 제거한다.
4. 포도씨오일을 둘러 달군 팬에 햄버거 패티를 넣어 굽는다. 쇠고기만 넣었기 때문에 완전히 익히지 않아도 된다.
5. 피클 마요네즈를 만든다. 피클은 잘게 다져 손으로 물기를 꼭 짠 뒤 저지방 마요네즈, 후춧가루와 함께 섞는다.
6. 따뜻하게 데운 햄버거 번 안쪽에 피클 마요네즈를 얇게 펴 바른 뒤 치커리, 양파, 토마토, 쇠고기 패티, 치즈를 얹은 다음 씨겨자를 얹고 빵을 덮는다.

🥄 패티는 빵 크기보다 조금 더 크게

햄버거 패티를 빚을 때는 빵 크기보다 크게, 가운데 부분은 납작하게 만든다. 익으면서 크기는 줄어들고, 가운데 부분은 볼록해지기 때문이다. 구울 때도 처음에는 센 불로 양면을 구워 육즙을 가두고 중간 불로 서서히 익혀야 촉촉하고 맛있는 햄버거를 만들 수 있다. 패티 안에 치즈를 넣어 구우면 속에서 치즈가 녹아 더 맛있는 버거를 만들 수 있다.

미소소스 두부 버거

고소한 아몬드 두부 패티에 짭짤한 미소소스로 볶은 대파를 곁들여 낸 저칼로리 영양 햄버거이다. 대파의 유화아릴이라는 성분은 소화 촉진, 해독 작용을 하고 몸을 따뜻하게 만드는 성분이 있어 감기 예방에도 좋다. 날로 얹어 먹어도 좋지만 살짝 볶으면 특유의 달콤한 맛과 향이 살아나 더 맛있게 즐길 수 있다.

재료(2인분)

잡곡 모닝빵	4개
대파	1/2대
방울토마토	4개
상추	4장
래디치오	2장
포도씨오일	3큰술

아몬드 두부 패티 재료

아몬드가루	2큰술
두부	1/2모
달걀	1개
파르메잔치즈가루	$1\frac{1}{2}$큰술
전분	2큰술
소금·후춧가루	약간씩

미소소스 재료

미소된장	2작은술
저지방 마요네즈	1큰술반
청주	1작은술

앤초비 버터 재료

앤초비	2마리
버터	2큰술
후춧가루	약간

1. 먼저 두부 패티를 만든다. 두부는 칼로 으깨 면보자기에 넣어 물기를 짜낸 뒤 볼에 아몬드가루와 나머지 패티 재료를 함께 넣어 반죽한다.
2. 대파는 어슷하게 썬 뒤 포도씨오일을 둘러 달군 팬에 넣고 볶다가 숨이 죽기 시작하면 미소소스를 넣어 맛을 낸다.
3. 방울토마토는 얇게 썰고 상추와 래디치오는 손으로 큼직하게 뜯는다.
4. 포도씨오일을 둘러 달군 팬에 아몬드 두부 패티를 넣고 노릇하게 굽는다.
5. 앤초비 버터를 만든다. 앤초비는 잘게 다진 뒤 나머지 재료와 함께 섞는다.
6. 구운 모닝빵에 앤초비 버터를 바르고 상추, 래디치오, 아몬드, 두부 패티, 토마토, 대파 볶은 것을 얹은 뒤 빵으로 덮는다.

🖎 볶음에 활용하는 대파는 …

대파는 흰 부분에서도 연두색 부분을 위주로 쓴다. 이 부분은 단단해서 볶아도 쉽게 물러지지 않고 아삭하게 씹히는 맛이 잘 살아 있다. 대파를 볶을 때 쓰는 미소소스는 넉넉하게 만들어 오이나 당근 등을 찍어 먹으면 좋다.
래디치오는 양상추와 양배추 중간 정도의 식감을 지닌 보라색 잎채소이다.

연근 샐러드 치킨 버거

새콤한 드레싱에 버무린 연근과 씨겨자로 양념해 구운 닭고기를 함께 먹는 버거이다.
연근은 철분의 흡수를 도와주는 비타민B$_{12}$가 들어 있어 빈혈기가 있는 여성에게 이롭다.
철분이 풍부한 고기류나 짙은 녹색 채소와 함께 섭취하면 더 좋다.
야채 중에서도 철분이 많이 들어간 시금치와 크레송을 듬뿍 넣고 만들어 보자.

재료(2인분)

햄버거 번 ······················· 2개
연근 ····························· 3cm
닭가슴살 ························· 1장
시금치 ··························· 6장
크레송 ··························· 적당량
저지방 마요네즈 ··············· 1큰술
포도씨오일 ····················· 1/2큰술
연근 샐러드 드레싱 재료
  저지방 마요네즈 ··········· 1큰술
  올리고당 ··················· 1/2작은술
  레몬즙 ····················· 1작은술
  후춧가루 ··················· 약간
닭고기 양념 재료
  플레인 요구르트 ··········· 1큰술
  씨겨자 ····················· 1큰술
  양파즙 ····················· 1작은술
  소금·후춧가루·청주 ········ 약간씩
살구소스 재료
  말린 살구 ················· 5개
  럼주 ······················· 1/4컵
  물 ························· 1/3컵
  너트매그 ··················· 약간

1. 연근은 껍질을 벗기고 모양을 살려 얇게 썬 뒤
   먹기 좋은 크기로 1/2등분 혹은 1/4등분한다. 끓는 식초물에 살짝 데친다.
2. 제시된 분량대로 연근 샐러드 드레싱을 만든 뒤 1의 연근을 넣어 버무린다.
3. 닭가슴살은 포를 떠 2등분한 뒤 양념에 10분 이상 재운다.
4. 살구소스를 만든다. 말린 살구는 럼주에 담가 불린 뒤
   물과 함께 믹서에 넣어 곱게 간 다음 냄비에 넣고 끓인다.
   걸쭉해지면 너트매그를 넣고 불을 끈다.
5. 포도씨오일을 넣어 달군 팬에 3의 닭가슴살을 넣고 노릇하게 굽는다.
6. 구운 햄버거 번 안쪽에 마요네즈를 바르고, 시금치, 크레송, 구운 닭가슴살,
   살구소스, 연근 샐러드를 얹은 뒤 빵으로 덮는다.

💧 **연근 대신 우엉**

우엉이 있다면 연근과 같이 샐러드를 만들거나 연근 대신 써도 좋다. 만드는 법은 동일하다. 남은 연근은 얇게 썰어
포도씨오일에 튀긴 뒤 소금을 뿌리면 훌륭한 사이드 메뉴가 된다. 또 얇게 썬 연근을 유리병에 채우고 단촛물(설탕 1
컵, 식초 1컵, 물 1/3컵, 소금 1큰술을 넣어 끓인 것)을 부으면 새콤달콤한 연근 피클이 만들어진다.

1. 동태살은 청주를 살짝 뿌린 뒤 찜기에 넣고 푹 찐다.

2. 찐 동태살이 식으면 잘게 으깨어
   나머지 피시케이크 재료를 넣고 고루 섞어 반죽한다.

3. 2의 반죽을 동글납작한 모양으로 만든 뒤
   겉에 빵가루를 묻혀 오븐 팬에 넣은 다음 포도씨오일을 뿌리고
   180도로 예열된 오븐에서 10~15분간 굽는다.

4. 양배추는 잘게 채 썬 뒤 무순과 함께 고추냉이 드레싱에 가볍게 버무린다.

5. 구운 빵에 버터를 얇게 펴 바르고 겨자잎, 피시케이크, 양배추와
   무순 샐러드를 얹은 뒤 빵으로 덮는다.

재료(2인분)

야채 햄버거 번	2개
양배추	2장
무순	1/5팩
겨자잎	2장
버터	1큰술

피시케이크 재료

동태살	250g
청주	1큰술
달걀	1개
저지방 마요네즈	$1\frac{1}{2}$큰술
빵가루(반죽용)	1/2컵
빵가루(튀김옷용)	3큰술
머스터드	1/2작은술
우스터소스	1/4작은술
포도씨오일	1큰술
소금·후춧가루·파슬리가루	약간씩

고추냉이 드레싱 재료

연고추냉이	1작은술
저지방 마요네즈	3큰술
올리고당	1큰술
식초	1큰술
소금·후춧가루	약간씩

🥄 동태살 대신 게살 통조림

동태살이 없다면 맛살이나 게살 통조림을 이용해 만들어도 좋다.
맛살이나 통조림 제품은 익은 것이기 때문에 따로 찔 필요 없이 잘게 다져 같은 분량으로 반죽해 조리하면 된다.
남은 피시케이크는 한 번 먹을 분량만큼 랩으로 싸서 냉동 보관한다.

고추냉이 피시케이크 버거

동태살, 머스터드, 마요네즈로 색다르게 맛을 낸 피시케이크에 고추냉이 향이 풍기는 샐러드가 어우러졌
다. 동태는 메오타닌이라는 필수 아미노산이 풍부해 피로와 숙취 해소에 효과가 있는데, 비린내가 적고 담
백해 튀김요리에도 잘 어울린다. 생선과 궁합이 잘 맞는 고추냉이나 무순, 레몬 등을 곁들이면 특유의 풍
미를 더 잘 살릴 수 있다.

CHAPTER 04

잡곡빵과 치아바타를
이용한 샌드위치

호밀, 통밀 등 다양한 곡물을 이용해 만든 잡곡빵과 맛이 담백한 치아바타는
유럽에서 식사할 때 고기, 샐러드와 항상 곁들여 먹는 식사용 빵이다.
빵 자체가 담백하고 특유의 구수한 맛과 향이 있기 때문에
맛이 강한 재료보다는 담백하게 허브로 맛을 낸 고기나 버섯류, 개운한 샐러드나 치즈를 이용해
재료 자체의 맛을 잘 살릴 수 있는 샌드위치에 적당하다.
이렇게 만든 샌드위치는 와인 안주로도 매우 잘 어울린다.

콩 샐러드 샌드위치

레몬을 넣어 담백하고 새콤하게 맛을 낸 콩 샐러드에 짭짤한 치즈맛이 어우러졌다. 콩은 단백질뿐만 아니라 당질, 비타민B_1·B_2·C가 많이 들어 있는 영양식품이지만 콩 특유의 비린내와 밋밋한 맛 때문에 먹기를 꺼리는 사람들이 많다. 하지만 양파나 파프리카 등 향이 강한 야채를 넣어 맛을 더하고 레몬즙을 넣으면 비린 맛을 없앨 수 있다. 또 칼슘이 풍부한 치즈를 곁들이면 맛과 영양을 더욱 높일 수 있다.

재료(2인분)

잡곡빵	4장
불린 콩	1/3컵
양파	1/4개
노란 파프리카	1/4개
오이피클	1개
통조림 참치살	2큰술
에담치즈 슬라이스	4장분
버터	2큰술
쌈채소	4장
소금·통후추	약간씩
레몬 드레싱 재료	
레몬	1/2개
식초	1/2큰술
올리브오일	1큰술
케이퍼	1작은술
타임	1/4작은술
파슬리가루·소금·후춧가루	약간씩

1. 불린 콩은 소금물에 넣고 4~5분간 삶아 건진 뒤 찬물에 헹궈 물기를 뺀다.
2. 양파와 노란 파프리카, 오이피클은 콩과 비슷한 크기로 네모나게 썰고 참치는 기름을 뺀다.
3. 레몬 드레싱을 만든다. 껍질 부분을 강판에 갈거나 잘게 채 썰고 속의 즙을 짠다. 케이퍼는 큼직하게 다져 나머지 재료와 함께 볼에 넣고 소금이 녹을 때까지 잘 섞는다.
4. 볼에 삶은 콩과 손질한 야채, 참치, 레몬 드레싱을 넣어 가볍게 섞는다.
5. 그릴에 구운 잡곡빵에 버터를 얇게 펴 바르고 위에 통후추를 갈아 뿌린다.
6. 5 위에 쌈채소를 깔고 치즈를 얹은 뒤 콩 샐러드를 듬뿍 얹고 빵으로 덮는다.

🥄 콩 손질하기

넉넉히 잠길 정도의 물에 반나절 정도 담가 두면 콩이 알맞게 불어난다. 이때 손으로 살짝 문지르면 껍질을 쉽게 벗길 수 있다. 삶을 때는 10분 이내로 삶아야 비린내가 나지 않는다. 삶은 콩은 물기를 충분히 뺀 다음 냉동실에 넣어 보관했다가 밥 짓거나 요리할 때 해동해서 바로 쓴다.

치아바타 ······················· 2개
냉동 칵테일 새우 ········· 8마리
오징어 몸통 ··············· 1/2마리
방울토마토 ······················· 3개
보라 양파 ······················· 1/2개
블랙 올리브 ······················· 3알
로메인 레터스(또는 상추) · 3장
래디치오 ······················· 2장
파르메잔치즈가루 ······· 1/2큰술
시저 드레싱 재료
　앤초비 ······················· 3마리
　달걀노른자 ······················· 1개
　식초 ······················· 1큰술
　다진 마늘 ··················· 1작은술
　머스터드 ··················· 1작은술
　우스터소스 ··················· 1작은술
　핫소스 ··················· 1작은술
　파르메잔치즈 ··················· 1큰술
　올리브오일 ··················· 1/4컵
　후추가루·파슬리가루 약간씩
레몬 후추버터 재료
　레몬껍질 ··············· 1/4개 분량
　버터 ··················· 1큰술
　후춧가루 ··················· 약간

1. 냉동 칵테일 새우는 소금물에 넣어 해동하고
   오징어는 4센티미터 길이로 굵직하게 썬 다음 끓는 물에 데쳐 식힌다.
2. 방울토마토는 1/4등분하고 보라 양파와 블랙 올리브는 모양을 살려 썬다.
   로메인 레터스와 래디치오는 큼직하게 뜯는다.
3. 시저 드레싱을 만든다. 앤초비를 잘게 다진 뒤
   여기에 달걀노른자를 넣어 잘 푼 다음 나머지 재료를 넣고
   올리브오일을 조금씩 넣어가며 섞는다.
4. 볼에 데친 해물과 블랙 올리브, 시저 드레싱을 넣고 가볍게 섞는다.
5. 레몬 후추버터를 만든다. 레몬 껍질을 강판에 갈아
   버터, 후춧가루와 고루 섞는다.
6. 구운 치아바타 안쪽 면에 레몬 후추버터를 펴 바르고
   로메인 레터스와 래디치오, 보라 양파, 방울토마토와 4의 샐러드를 얹고
   파르메잔치즈가루를 수북이 얹은 뒤 빵으로 덮는다.

🥄 숏 파스타 활용하기

칵테일 새우와 오징어를 데칠 때 끓는 물에 소금과 청주를 약간 넣어야 비린내를 제거할 수 있고 살에 탄력이 생겨 쫄깃한 맛을 살릴 수 있다. 새우, 오징어와 함께 마카로니나 푸실리 같은 작은 파스타를 삶아 곁들여도 좋다. 크기가 작은 숏 파스타는 식어도 잘 붇지 않는데다 마카로니 구멍이나 푸실리 틈 사이로 드레싱이 잘 스며들어 진한 맛을 낼 수 있다.

시푸드 시저 샌드위치

데친 해물과 각종 생야채를 치즈맛이 강한 시저 드레싱으로 맛을 냈다.
오징어에는 해독 작용이 탁월한 타우린이 풍부해 피로 회복에 효과가 좋으며 셀렌이라는 성분이 있어
각종 성인병 예방에도 효과가 있다. 대표적인 저지방 고단백 식품으로 비린 맛이 거의 없고 담백하여
고소한 시저 드레싱에 특히 잘 어울린다.

리코타치즈 마늘 샌드위치

담백한 리코타치즈에 짭짤한 앤초비로 맛을 낸 마늘구이를 얹었다.
앤초비는 소금에 절인 정어리를 올리브오일에 재운 것으로 정어리에는
고지혈증의 원인인 중성지방을 저하시키는 EPA가 듬뿍 들어 있으며 고혈압을 억제하는 기능도 있다.
단 짠맛이 강하기 때문에 조금만 넣어 풍미를 더하거나 소금 대신 간을 더하는 용도로 쓴다.

재료(2인분)

호밀빵 ····················· 4장
리코타치즈 또는 크림치즈 4큰술
마늘 ····················· 10쪽
앤초비 ····················· 2마리
래디시 ····················· 1개
올리브 ····················· 3알
로즈메리 ················· 1/2작은술
파르메잔치즈가루 ········· 1큰술
포도씨오일 ················· 1큰술
올리브오일 ··············· 1/2큰술
소금·후춧가루·파슬리가루 약간씩
버섯 스프레드 재료
　애느타리버섯 ··········· 1/4팩
　포도씨오일 ············· 1/2큰술
　버터 ····················· 2큰술
　소금·후춧가루·타임 ·· 약간씩

1. 마늘은 반으로 썰고 앤초비는 큼직하게 다진다.

2. 래디시는 모양을 살려 얇게 썰고 올리브는 큼직하게 다진다.

3. 포도씨오일을 넣어 달군 팬에 앤초비를 넣어 향이 나기 시작하면
   마늘을 넣고 약한 불로 볶는다. 마늘이 거의 다 익어갈 무렵
   로즈메리와 후춧가루를 넣고 볶아 다 익으면 불을 끄고
   파르메잔치즈가루를 뿌려 섞은 다음 소금, 후춧가루로 간한다.

4. 호밀빵 안쪽 면에 올리브오일을 뿌려 팬이나 오븐에 살짝 굽는다.

5. 버섯 스프레드를 만든다. 포도씨오일을 넣어 달군 팬에
   밑둥을 잘라 잘게 다진 애느타리버섯을 넣고 소금, 후춧가루, 타임으로
   간을 해 센 불로 볶은 뒤 식으면 버터와 고루 섞는다.

6. 구운 빵 위에 버섯 스프레드를 펴 바르고 위에 리코타치즈를 얹은 뒤
   구운 마늘과 래디시, 다진 올리브, 파슬리를 얹어 낸다.

✎ 홈메이드 리코타치즈

리코타치즈를 구할 수 없는 경우 집에서도 쉽게 만들 수 있다. 우유 1리터를 냄비에 넣고 가열해서 끓기 직전 불을
끄고 식초나 레몬즙을 2큰술 정도 넣으면 유청과 분리되면서 치즈가 만들어진다. 소금과 후춧가루, 좋아하는 허브
가루 등을 넣어 맛을 낸 뒤 체에 받쳐 물기를 빼면 홈메이드 리코타치즈가 완성된다.

재료(2인분)

치아바타	2개
관자	3마리
아스파라거스	3개
토마토	1개
쌈채	4~5장
다진 마늘	1작은술
화이트 와인	1/2큰술
바질가루	1/4작은술
포도씨오일	1/2큰술
소금·후춧가루	약간씩

오렌지소스 재료

오렌지	1/2개
꿀	1작은술
간장	1/2큰술
후춧가루	약간

명란 버터 재료

명란젓	1작은술
버터	2큰술

1. 관자는 이쑤시개를 이용해 겉의 막을 벗겨 내고 모양 그대로 도톰하게 썬다.
2. 아스파라거스는 감자칼로 겉의 섬유질을 벗겨 내고 어슷하게 썬다.
   토마토는 얇게 썰어 속의 씨 부분을 제거한다.
3. 포도씨오일을 넣어 달군 팬에 다진 마늘을 넣어 향이 나면
   관자와 아스파라거스를 넣고 화이트 와인을 뿌려 잡내를 없앤다.
   바질가루, 소금, 후춧가루를 넣어 간한 뒤 센 불에 볶는다.
4. 오렌지소스를 만든다.
   오렌지 껍질 부분은 강판에 갈거나 가늘게 채 썰고 오렌지즙을 짜낸다.
   3의 팬에 그대로 오렌지 껍질과 즙, 꿀, 간장, 후춧가루를 넣어 졸인다.
5. 구운 빵 위에 명란 버터를 바른 뒤 쌈채소, 토마토, 관자, 아스파라거스를 얹고
   오렌지 소스를 뿌린 다음 빵을 덮는다.

관자는 큼직하게 썰어서 살짝 볶는다

관자는 구우면 부피가 줄어들기 때문에 큼직하게 썬다. 너무 오래 구우면 질겨지므로 센 불에 살짝만 구워 쫄깃한
맛을 살리도록 한다. 관자를 구운 팬에는 관자의 육즙과 양념이 남아 있기 때문에 여기에 오렌지즙을 넣어 소스를
만들면 감칠맛을 낼 수 있다. 관자가 없으면 새우나 맛이 담백한 흰살 생선으로 대체해도 좋다.

구운 관자 샌드위치

알싸한 마늘향이 도는 구운 관자에 새콤달콤한 오렌지소스의 맛이 어우러진 샌드위치이다.
관자에는 타우린이 풍부해 피로, 빈혈, 동맥경화에 좋다. 다양하게 조리할 수 있지만 구우면
조개 특유의 감칠맛을 잘 느낄 수 있다. 짭짤하고 담백한 맛으로 레몬이나 오렌지, 자몽 계열의
상큼한 과일과 잘 어울린다.

로즈메리향 버섯 샌드위치

로즈메리를 넣어 향긋하게 볶은 버섯을 치즈와 함께 빵에 얹었다. 필수 아미노산과 각종 미네랄, 섬유질이 풍부한 버섯은 각종 빈혈, 심혈관계 질환을 예방하는 효과가 있다. 특히 햇빛에 말린 표고버섯은 칼슘의 흡수를 돕는 비타민D 성분이 풍부하여 성장기 어린이와 여성들에게 좋다. 버섯 요리를 할 때에는 치즈나 우유, 멸치처럼 칼슘이 풍부한 식재료와 같이 조리해 맛과 영양을 높이도록 한다.

재료(2인분)

강황 치아바타	2개
표고버섯	6개
애느타리버섯	1/4팩
마늘	5쪽
양파	1/4개
로즈메리	1줄기
쥐똥고추	2개
쌈채소	4~5장
에담치즈(혹은 체다치즈 슬라이스)	4장분
파르메잔치즈가루	1큰술
화이트 와인	1작은술
버터	1큰술
포도씨오일	1큰술
파슬리가루·소금·후춧가루	약간씩

1. 표고버섯은 기둥을 떼어 한 입 크기로 썰고 애느타리버섯도 밑둥을 잘라낸 뒤 먹기 좋게 가닥가닥 떼어 낸다.

2. 마늘은 얇게 저며 썰고 양파와 로즈메리는 큼직하게 다진다.

3. 쥐똥고추는 손으로 잘게 부순 뒤 물 스프레이를 뿌린다.

4. 포도씨오일을 넣어 달군 팬에 저며 썬 마늘을 넣고 향이 나면 쥐똥고추, 버섯과 양파를 넣고, 화이트 와인, 로즈메리, 소금, 후춧가루로 맛을 내 센 불에 볶는다. 버섯이 숨이 죽으면 불을 끄고 파르메잔치즈가루를 뿌려 버무린다.

5. 구운 치아바타에 버터를 얇게 펴 바르고 쌈채소를 얹은 다음 볶은 버섯과 에담치즈를 얹고 파슬리가루를 뿌린다.

🥄 표고버섯 기둥 활용하기 & 쥐똥고추 대신 청양고추

표고버섯 기둥은 잘게 찢어 간장, 설탕, 청주, 마늘 등을 넣고 졸이면 쇠고기 장조림과 거의 비슷한 맛을 낼 수 있다. 쥐똥고추는 태국의 매운 고추로 크기가 매우 작다. 경동시장에 가면 싸게 구입할 수 있는데 구하기 힘들면 마른 청양고추를 큼직하게 잘라 써도 좋다. 마른 상태 그대로 넣어 요리하면 타기 쉬우므로 스프레이로 물을 뿌린 다음 쓴다.

카프레즈 그릴 파니니

토마토에는 리코펜 성분이 있어 암이나 심혈관 질환을 예방함은 물론 피부 노화 방지에도 효과가 있다. 특히 가열해서 기름과 같이 섭취하면 훨씬 흡수가 잘 되므로 가능하면 올리브오일이나 포도씨오일로 볶아 곁들이거나 끓여서 소스로 활용한다.

1. 토마토, 생 모차렐라치즈는 0.5센티미터 두께로 얇게 썬다. 토마토는 씨 부분을 제거한다.
2. 마늘 스프레드를 만든다. 볼에 마늘을 넣고 랩으로 덮은 뒤 전자레인지에서 2~3분간 돌려 익힌 후 뜨거울 때 으깨어 버터, 후춧가루와 섞는다.
3. 드레싱을 만들어 바질잎을 넣고 가볍게 버무린다.
4. 치아바타 안쪽 면에 마늘 스프레드를 고루 펴 바르고 바질잎, 토마토, 생 모차렐라치즈를 얹는다.
5. 그릴 팬에 4의 샌드위치를 넣어 그릴 자국이 날 정도로만 살짝 굽는다.

재료(2인분)

치아바타	2개
토마토	2개
생 모차렐라치즈	1개
바질잎	10장

드레싱 재료
- 발사믹식초 …… 1큰술
- 올리브오일 …… 1큰술
- 소금·후춧가루 …… 약간씩

마늘 스프레드 재료
- 마늘 …… 8쪽
- 버터 …… 1큰술
- 후춧가루 …… 약간

🥄 파니니와 카프레즈

파니니란 이탈리아어로 빵 안에 햄이나 치즈 등을 넣어 만든 샌드위치를 말한다. 야채를 곁들여 그대로 먹기도 하고 치즈를 넣어 파니니 그릴에 구워 따뜻하게 해서 먹기도 한다. 카프레즈는 토마토, 생 모차렐라치즈, 바질 이렇게 세 가지 재료로 만든 이탈리아의 대표적인 샐러드이다.

1
2
3
5

루콜라 햄 샌드위치

달콤한 무화과 스프레드를 바른 빵 위에 쌉쌀한 루콜라와 짭짤한 프로슈토를 얹어 먹는 샌드위치이다.
약간 매운맛이 매력적인 루콜라는 비타민C가 풍부하고 무화과와 사과에는 펙틴 성분이 듬뿍 들어 있어
정장 작용을 촉진하므로 변비에도 좋다. 생햄의 일종인 프로슈토는 과일과도 잘 어울려 담백한 치아바타
에 사과와 무화과를 곁들여 먹으면 특유의 짭짤하고 달콤한 맛을 잘 느낄 수 있다.

재료(2인분)

검은깨 호밀빵	2개
루콜라	5장
프로슈토	4장
사과	1/4개
레몬즙	2큰술
올리브오일	1큰술
파르메잔치즈	적당량
후춧가루	약간

무화과 스프레드 재료
말린 무화과	10개
럼주	1/3컵
버터	3큰술

1. 루콜라는 큼직하게 손으로 뜯거나 칼로 썬다.
2. 사과는 반달 모양으로 얇게 썬 뒤 레몬즙을 뿌린다.
3. 파르메잔치즈는 감자칼로 얇게 깎는다.
4. 무화과 스프레드를 만든다. 말린 무화과는 잘게 다진 뒤 럼주에 담가 불린 후 럼주를 따라내고 버터와 섞는다.
5. 구운 빵 위에 무화과 스프레드를 펴 바르고 루콜라와 프로슈토, 사과를 얹은 뒤 올리브오일, 파르메잔치즈, 후춧가루를 뿌리고 빵으로 덮는다.

🥄 루콜라 대신 연한 시금치

루콜라는 주로 백화점이나 수입식품점에서 구할 수 있다. 샐러드에 넣어 먹거나 큼직하게 썰어 피자 위에 얹어 먹거나 잘게 다져 오믈렛에 넣어 먹는 등 다양하게 조리해 먹을 수 있는 야채다. 루콜라가 없다면 잎과 줄기가 연한 시금치로 대신해도 맛있다.

1. 양파는 굵직하게 채 썬다.
2. 포도씨오일을 넣어 팬을 달군 뒤 양파를 넣고 화이트 와인을 뿌린 다음
   바질가루, 소금, 후춧가루를 뿌려 센 불에 볶는다.
3. 빵 안쪽 면에 마요네즈를 고루 펴 바른 뒤 에멘탈치즈를 올려
   80도의 오븐에서 2~3분 구워 치즈를 녹인다.
4. 3의 빵 위에 볶은 양파를 얹고 무순을 올린 뒤 빵을 덮고 반으로 가른다.

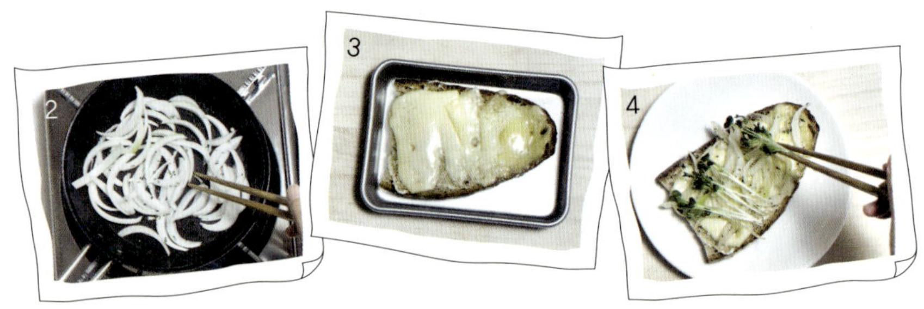

🖎 녹여야 맛있는 에멘탈치즈

에멘탈치즈는 생으로 먹으면 고무같이 질기고 쓴맛이 나지만 열을 가해 녹이면 특유의 부드러운 맛이 살아나고 쫄깃하게 씹히는 맛이 생긴다. 뚝배기나 바닥이 두꺼운 냄비에 다진 마늘과 화이트 와인을 약간 넣고 에멘탈치즈를 녹여 빵이나 감자 등을 찍어 먹으면 훌륭한 퐁듀 요리가 된다. 캄파뉴(campagne)는 프랑스식의 호밀 잡곡빵이다.

볶은 양파 치즈 샌드위치

강장식품으로 예부터 동서양에서 사랑받았던 양파는 비타민B의 흡수를 돕는 성분이 있어 비타민B가 풍부한 우유, 유제품, 각종 육류와 함께 섭취하면 좋다. 볶은 양파 치즈 샌드위치는 양파를 허브와 함께 볶아 달콤하게 맛을 낸 뒤 두 종류의 치즈와 같이 곁들인 샌드위치로 맛과 영양을 높였다.

고르곤졸라 꿀 샌드위치

꿀은 미네랄 성분이 풍부하고 체내 노폐물을 부드럽게 배출하는 건강 미용식이다.
고르곤졸라치즈처럼 향이 강한 치즈에 곁들이면 치즈 특유의 향을 줄이면서도 맛을 풍부히 할 수 있다.

재료(2인분)

통호밀빵 ···················· 2장
고르곤졸라치즈 ··········· 2큰술
다진 모차렐라치즈 ······· 1/2컵
저지방 마요네즈 ··········· 1큰술
마늘 ·························· 4쪽
호두 ·························· 2큰술
꿀 ···························· 1큰술

1. 고르곤졸라치즈는 칼로 잘게 썬다.
2. 마늘은 편으로 얇게 저며 썰고 호두는 큼직하게 다진다.
3. 호밀빵 위에 마요네즈를 바르고 고르곤졸라치즈, 모차렐라치즈,
   마늘, 호두를 얹어 180도로 예열된 오븐에서 4~5분간
   치즈가 노릇해질 때까지 굽는다.
4. 구워진 빵 위에 꿀을 얹는다.

✎ 요리의 품격을 높이는 고르곤졸라치즈

특유의 맛과 향이 강한 고르곤졸라치즈는 각종 요리에 조금만 넣어도 맛과 풍미를 확 살릴 수 있다.
파스타를 만들 때 생크림과 함께 파르메잔치즈를 넣으면 훨씬 고급스럽고 진한 크림소스 파스타가 만들어지고
생크림, 다진 마늘과 함께 넣고 걸쭉하게 만들어 스테이크 위에 얹으면 고급 레스토랑의 소스가 부럽지 않다.

가까운 먹을거리 운동, 로컬푸드가 중요하다

Lohas shop
한살림

한살림은 사람과 자연, 도시와 농촌이 함께 사는 생명 세상을 만들기 위해 뜻을 모아 공동체를 이루고 주로 유기농산물 직거래 운동을 펼치는 생활협동조합이다. 1986년 작은 쌀가게에서 시작해서 현재 전국 19개 지역에서 17만여 명의 도시 회원들과 1,500여 세대의 농촌 회원들이 공동체를 이루고 있으며 공동체 내에서 직거래를 통해 이뤄지는 친환경농산물의 연간 공급액은 1,300억 원을 넘는다.

한살림은 외국처럼 소비자들의 권익만을 생각하는 전통적인 형태의 생협이 아니라 생산자와 소비자가 공동체를 형성하고 생명평화정신을 실천하는 생협을 지향하고 있다. 특히 지역 한살림에서는 유기농산물 직거래 외에도 도시회원들이 안전한 밥상차림을 중심으로 친환경적인 생활실천운동을 펼치고 있으며 지역의 특성에 맞게 다른 시민단체들과도 연대하여 자연과 생명을 지키는 활동을 전개하고 있다. 농촌 회원들은 우리 땅과 우리 생명을 살리는 친환경 유기농업을 실천하여 도시 회원들에게 안전한 먹을거리를 제공하는 것은 물론 지역 중심의 한살림 운동을 펼쳐 나가고 있다.

생명가치 실현과
생태적 지역농업을 육성하다

한살림은 매장이나 인터넷, 전화 주문을 통해 물품을 공급하고 있다. 한살림에 소속된 생산자들이 직접 기르고 만들어 낸 친환경 농수축산물과 생활용품만이 소비자 조합원들에게 공급된다. 하지만 이것은 생협운동의 일부분이다. 매장운영 외에도 지역 한살림, 생산자 연합회, 우리밀제과, 물살림, 모심과살림 연구소 등 농산물 공급뿐만 아니라 각종 연구, 사회활동에 많은 부분을 할애하고 있다. 계간으로 『살림이야기』라는 생활교양지를 발간해 한살림의 생명운동과 그 정신을 사람들에게 알리고 있다.

특히 한살림 매장은 정부가 정한 기준보다 훨씬 엄격한 기준으로 관리된다. 일반 기업은 유기농 매장으로 수익을 내는 것이 목적이지만 생협은 수익이 목적이 아니기 때문이다. 그래서 가공식품보다는 1차 농수산물을 권하고 있다.

유기농 식품은 비싸다는 인식을 버리자

사람들이 유기농 식품에 대해 갖고 있는 가장 큰 오해는 가격이 비싸다는 것이다. 가까운 마트에서도 유기농 식품은 일반 식품에 비해 1.5~2배 정도 비싸다. 하지만 한살림은 같은 유기농이라도 일반 마트의 유기농 코너에서 사는 것보다는 저렴하며 더욱 좋은 것은 계약재배를 하기 때문에 외부환경의 영향을 받지 않아 여러 해로 보면 가격이 일정하다는 이점이 있다. 이러한 특성은 가계에는 계획된 지출을, 생산자에게는 일정한 소득을 보전해 준다.

농산물은 수요공급의 원칙이 작용하기 때문에 그해 수확량에 따라 가격이 천지차이다. 농민들에게는 풍년이 되어 수확량이 많아지는 것이 좋지만은 않다. 오히려 가격 폭락으로 손해를 볼 수도 있기 때문인데 이런 경우 한살림은 조합원들의 뜻을 모아 해당 농산물을 구입해 주는 활동을 한다. 단지 물건을 사고파는 관계가 아니라 공동체이기 때문에 가능한 일이다. 게다가 건강한 식습관으로 줄어 드는 의약품비 등을 따지면 유기농 식품은 비싼 게 아니라 오히려 이익이 되는 경우가 많다.

가까운 먹거리 운동과
농업 구조의 다원화

한살림이 최근 가장 중점을 두고 있는 사업은 가까운 먹을거리(로컬푸드) 운동이다. 영국의 환경운동가 팀랭이 창안한 푸드마일리지는 처음에는 식재료가 생산, 운송, 소비되는 과정에서 운반된 거리만을 뜻했지만 현재는 생산, 이동과정에서 배출된 온실가스의 양까지 포함한 개념으로 확장됐다.

현재 우리나라의 평균 푸드마일리지는 6,637km/ton이다. 이는 영국(3,195km/ton), 독일(2,090km/ton), 프랑스(1,798km/ton), 미국(1,051km/ton)보다 월등히 높은 수치로 그만큼 수입 농산물이 우리 식탁의 대부분을 차지하고 있음을 나타낸다. 그렇다면 운송되면서 사용되는 에너지와 우리나라에서 재배할 때 사용되는 에너지를 비교한다면 어느 쪽이 더 많을까?

수입 농산물이 오히려 푸드마일리지가 적은 경우가 있는 건 사실이다. 하지만 수입 농산물의 가장 큰 문제점은 생산 및 운송과정을 전혀 알 수 없다는 것이다. 우리 농산물은 생산과정을 알고 관리할 수 있지만 수입 농산물은 우리가 감독할 방법이 전혀 없다는 데 있다. 여기에 지역 농산물을 먹음으로써 지역 경제를 활성화시킨다는 개념이 가까운 먹을거리 운동이라 할 수 있다.

커피 문화 역시 마찬가지다. 커피가 공정무역의 주요 상품이 되면서 긍정적인 점이 많아졌지만 커피는 우리나라에서는 재배할 수 없는 상품이다. 우리 고유의 차가 있는데 커피를 선택하면 그만큼 우리 고유의 차농업은 손실을 입을 수밖에 없다. 또 공정무역이 주로 이뤄지는 것이 커피나 설탕 등인데 아무리 공정무역이라 하더라도 그 지역의 빈곤문제를 해결해 줄 수는 없다. 집약

적인 단작으로 토양을 착취하고 농민들을 자립
기회에서 계속 멀어지게 할 뿐이라는 것이 한살
림이 공정무역에 선뜻 나서지 않는 이유이다. 그
리고 아직은 우리 농업을 살리고 농업구조를 다
원화하는 것이 더 중요하다는 데 뜻을 두고 있다.
　농업구조 다원화의 일환으로 한살림은 권장하
지는 않지만 축산업 또한 한살림 운동에 포함하
고 있다. 농업에서 농축산은 전통적으로 밭에서
농작물을 키워 동물에게 먹이고 동물의 분뇨가
땅으로 돌아가 작물을 키워 사람에게 소비되는
하나의 순환구조였다. 하지만 지금은 순환이 깨
지면서 축산이 환경오염의 새로운 원인이 되고
있다. 한살림은 순환구조를 통해 우리나라의 전
통 식문화를 일으켜 세우자는 차원에서 축산을
실시하는 것이다. 단 한살림 축산은 무항생제 원
칙, 케이지 사육 금지 등 가축들의 건강한 사육환
경을 최우선으로 삼는다.

앞으로 이런 활동을 펼칠 것입니다

　현재 우리나라에는 한살림 이외에도 생협전국
연합회, 한국생협연대, 두레생협연합회 등 많은
생협이 활동하고 있다. 각 단체들은 안전한 먹을
거리와 다양성 보존 등을 위해 연대활동을 펼치
고 있다. 이런 가운데 한살림이 앞으로 가야 할
길은 무엇일까? 한살림은 이 부분에 대해 '마을
로 돌아갈 때'라고 주장한다. 생협운동이 거대
화·집약화되면 작은 부분을 놓치는 경우가 많은
데 한살림은 지역 마을의 작은 모임을 육성하여
모든 지역이 균형적으로 발전하고 자원이 유기적
으로 순환할 수 있도록 노력할 것이라 한다. 이를
기반으로 먹을거리는 우리에게 보편타당한 무엇
을 의미하는가, 어떻게 다루고 길러 내고 소비할
것인가를 바로 알리는 활동
들을 펼쳐 나갈 것이다.

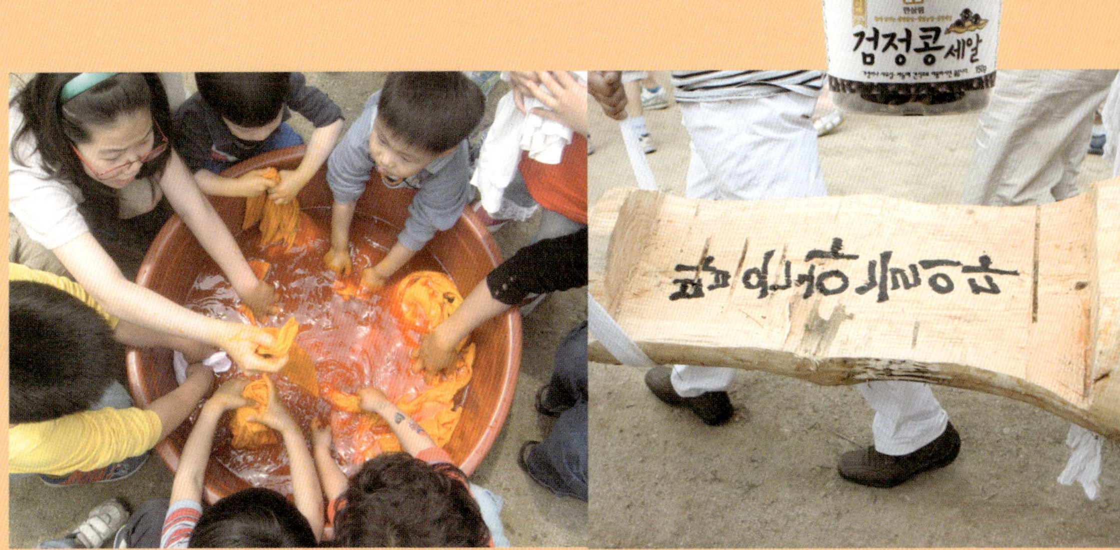

CHAPTER 05

바게트와 베이글을
이용한 샌드위치

물과 밀가루만 넣어 만든 바게트는 담백하다.
야채나 치즈, 맛이 강하지 않은 생햄 등 담백한 속 재료를 곁들이면 좋은데,
어슷하게 썰어 얹어 먹으면 바게트만의 부드러운 식감을 잘 느낄 수 있다.
반면 두툼하고 쫄깃한 베이글은 맛과 향이 강한 재료로 맛을 내거나
크림치즈로 농도 진한 스프레드를 만들어 두툼하게 발라 먹으면 잘 어울린다.
문어처럼 씹히는 맛이 좋은 재료를 같이 넣어도 좋다.

말린 토마토 호두 샌드위치

진하고 달콤한 말린 토마토와 고소하고 쌉쌀한 호두와 함께 에담치즈의 맛이 잘 어우러진 유럽식 샌드위치다. 호두에는 고기보다 단백질과 지방이 많이 들어 있다. 호두의 지방은 불포화지방산으로 콜레스테롤 수치를 낮춘다.

재료(2인분)

미니 바게트 ····················· 1개
말린 토마토 ····················· 4큰술
호두 ····························· 4큰술
에담(또는 체다)치즈 슬라이스 4장분
겨자잎 ··························· 약간
발사믹소스 재료
　발사믹식초 ····················· 1/2컵
　꿀 ····························· 1큰술
스파이시 마요네즈 재료
　파프리카파우더 ····· 1작은술
　저지방 마요네즈 ····· 1큰술
　다진 마늘 ····· 1작은술
　바질가루 ····· 1/2작은술
　후춧가루 ····· 약간

1. 호두는 잘게 다져 기름기 없는 팬에 볶는다.
2. 발사믹소스를 만든다. 냄비에 발사믹식초를 넣고 끓여 걸쭉해지면 꿀을 넣고 불을 끈다.
3. 바게트는 어슷하게 썬다.
4. 해당 재료로 스파이시 마요네즈를 만든다.
5. 바게트를 구운 뒤 안쪽 면에 스파이시 마요네즈를 얇게 펴 바르고 그 위에 다진 호두를 듬뿍 뿌린 뒤 겨자잎, 에담치즈, 말린 토마토를 얹고 발사믹소스를 뿌린다.

🍳 쓰임새 많은 말린 토마토

말린 토마토는 주로 올리브오일과 함께 병에 담겨진 형태로 백화점이나 수입식품점에서 판매한다. 토마토 맛이 진하게 응축되어 있어 토마토가 들어가는 요리에는 다 쓸 수 있다. 말린 토마토를 올리브오일과 함께 잘게 다지면 토마토소스 대용으로 쓸 수 있다. 단 짠맛이 강하기 때문에 소금 간할 때 주의한다.

브리치즈 사과 샌드위치

사과는 혈압과 콜레스테롤 수치를 낮추고 설사를 멈추게 하면서 동시에 변비가 있는 사람에게는 쾌변을 도와준다. 생으로 먹어도 맛있지만 굽거나 졸여 먹으면 특유의 달콤한 향과 맛이 진해진다. 사과로 만든 이 샌드위치는 졸인 사과의 새콤달콤한 맛과 브리치즈 특유의 고소하고 신선한 우유맛이 잘 살아 있다.

재료(2인분)

미니 호두 바게트	1개
사과	1/2개
브리치즈 또는 카망베르치즈	1/3개
셀러리	1/2대
비트잎	5장
아몬드 슬라이스	1큰술
포도씨오일	2작은술
꿀	1큰술
저지방 마요네즈	1큰술
계핏가루	약간

1. 사과는 한 입 크기로 도톰하게 썬 뒤 포도씨오일과 함께 센 불에 볶다
   숨이 죽기 시작하면 꿀을 넣고 조리듯이 볶는다. 불을 끄고 계핏가루를 뿌린다.
2. 브리치즈는 0.5센티미터 두께로 도톰하게 썰고 비트잎은 큼직하게 뜯는다. 셀러리는 어슷하게 썬다.
3. 아몬드 슬라이스는 기름기 없는 팬에서 노릇하게 굽는다.
4. 바게트는 10센티미터 길이로 자른 뒤 안쪽 면에 마요네즈를 얇게 펴 바르고 비트잎을 얹은 다음
   브리치즈, 구운 사과, 셀러리, 아몬드 슬라이스를 얹어낸다.

🥄 과일 볶을 때는 레몬즙 한 큰술

사과 대신 복숭아나 파인애플 등 다양한 과일로 응용할 수 있다. 과일을 볶을 때 레몬즙을 한 큰술 넣으면 신맛이 생겨 익었을 때 더욱 맛있다. 계핏가루는 휘발성이 강하므로 요리가 다 된 다음 뿌려야 향이 날라가지 않는다.

프룬 크림 샌드위치

잦은 다이어트로 변비와 빈혈이 생겼다면 철분과 식이섬유가 풍부한 프룬을 추천한다.
포도에는 피로 회복 효과가 있으며 펙틴과 타닌이 풍부해 심혈관 건강에 도움이 된다.
프룬과 포도에 마스카포네치즈와 블루치즈를 곁들여 고소하고 신선한 식사용 샌드위치로 만들어 보자.

재료(2인분)

깨 베이글	2개
프룬	5개
럼주	1/3컵
마스카포네치즈 또는 크림치즈	3큰술
블루치즈	1큰술
플레인 요구르트	1큰술
청포도	5알
데라웨어(작은 포도)	5알
피스타치오	1큰술
후춧가루	1/2작은술

1. 볼에 프룬과 럼주를 넣고 20~30분간 불린다.

2. 불린 프룬은 손으로 물기를 꼭 짠 뒤 큼직하게 다진다.

3. 볼에 프룬, 마스카포네치즈와 블루치즈, 플레인 요구르트, 후춧가루를 넣어
   부드러운 스프레드를 만든다.

4. 청포도는 반으로 가르고 피스타치오는 굵직하게 다진다.

5. 반으로 갈라 구운 베이글에 프룬 스프레드를 두툼하게 바르고
   청포도와 데라웨어, 피스타치오를 얹은 뒤 빵으로 덮는다.

🖋 베이글 맛나게 먹기

냉동실에 보관했던 베이글은 실온에서 천천히 해동한 뒤 랩으로 덮어 전자레인지에서 1분 정도 돌린 다음 오븐이나
오븐 토스터에서 1~2분간 바삭하게 굽는다. 빵이 따뜻할 때 스프레드를 발라야 고루 잘 발린다.

1. 닭가슴살은 칼로 잘게 다져 소금, 후춧가루, 화이트 와인을 넣어 간한다.
2. 빨간 파프리카는 채 썰고 양파는 큼직하게 다진다.
3. 달걀은 삶은 뒤 얇게 썰고 콩도 소금물에 삶아 둔다.
4. 드라이 커리를 만든다. 포도씨오일을 넣어 달군 팬에 다진 마늘을 넣고
   향이 나면 다진 닭가슴살과 양파, 콩을 넣고 화이트 와인과
   소금, 후춧가루로 간을 해 볶다가 고기가 반쯤 익으면
   커리가루와 너트매그를 넣는다.
5. 주걱으로 저어 가면서 보슬보슬하게 익으면 불을 끈다.
6. 반으로 갈라 구운 베이글에 리코타치즈를 얇게 펴 바르고
   치커리와 드라이 커리를 얹은 다음 파프리카, 삶은 달걀을 얹고
   파슬리가루를 뿌려 빵으로 덮는다.

재료(2인분)

양파 베이글	2장
닭가슴살	1장
빨간 파프리카	1/4개
양파	1/4개
달걀	1개
불린 콩	1/4컵
치커리	적당량
리코타치즈 또는 크림치즈	2큰술
다진 마늘	1큰술
화이트 와인	1작은술×2회
커리가루	1큰술
너트매그	1/4작은술
포도씨오일	1큰술
소금·후춧가루·파슬리가루	약간씩

✎ 남은 드라이 커리 활용하기

우리가 보통 즐기는 커리보다 국물이 적은 드라이 커리는 닭가슴살이 없으면 돼지 안심을 잘게 다져 넣어도 된다.
남은 드라이 커리는 요구르트와 칠리파우더, 생강즙 등을 넣고 걸쭉하게 끓인 다음 난과 곁들여 인도풍 커리로 즐길
수 있다. 찐 감자를 넣고 같이 으깬 다음 밀가루, 달걀물, 빵가루 옷을 입혀 튀기면 커리 크로켓이 된다.

드라이 커리 샌드위치

커리의 주재료 중 하나인 강황에는 커큐민 성분이 들어 있어 치매 예방과 항암 효과가 있으며 우유나 요구르트 등의 유제품과 같이 섭취하면 흡수가 더 잘 된다. 다진 닭고기를 마늘, 고추 등으로 매콤하게 볶아 커리로 맛을 낸 뒤 고소한 리코타치즈와 곁들여 먹는 이 샌드위치는 커리의 맛과 영양을 색다르게 즐길 수 있다.

하와이안 샌드위치

비타민C와 구연산이 풍부해 피로 회복에 좋은 파인애플은 단백질 분해 효소가 있어 고기와 곁들이면 소화가 잘 된다. 이 샌드위치는 데리야키풍으로 구운 닭가슴살과 달콤하게 구운 파인애플을 같이 먹는 것이 포인트다. 여기에 아보카도의 부드러운 맛이 풍미를 더해준다.

재료(2인분)

미니 소프트 바게트	1개
파인애플	1/8통
아보카도	1/2개
닭가슴살	1장
겨자잎	2장
새싹채소	적당량
레몬즙	1/2큰술
저지방 마요네즈	2큰술
포도씨오일	2큰술

고기 양념장 재료
간장	3큰술
생강즙	1작은술
꿀	2큰술
청주	1/2큰술
후춧가루	약간

1. 파인애플은 한 입 크기로 납작하게 썰고 아보카도는 얇게 썰어서 레몬즙을 뿌린다.
2. 닭가슴살은 포를 떠 2등분한 뒤 분량의 고기 양념장에 재워 10분 이상 둔다.
3. 달군 팬에 포도씨오일을 두르고 파인애플을 센 불에 굽는다.
4. 닭 가슴살을 그릴 팬에 굽는다.
5. 바게트를 길게 반을 갈라 그릴 팬에 살짝 구운 뒤 저지방 마요네즈를 바르고
   겨자잎, 새싹채소, 아보카도, 닭가슴살, 파인애플을 얹고 바게트를 덮는다.

🖎 고기 요리에 제격인 파인애플

불고기나 갈비찜 등 고기 요리를 할 때 파인애플을 갈아 넣으면 고기가 훨씬 부드럽다.
파인애플은 진한 녹색보다 반 정도 노르스름해졌을 때가 가장 달콤하다.
덜 익은 파인애플은 거꾸로 세워 실온에 보관하면 단맛이 전체로 고루 퍼지며 익는다.

문어 감자 샌드위치

타우린 성분이 풍부한 문어는 콜레스테롤을 낮추는 대표적 음식이다.
이밖에 시력 회복과 빈혈, 심장계 질환에도 효과가 있다.
감자와 함께 문어를 마늘에 노릇하게 볶아 빵에 얹은 이 샌드위치는 문어의 쫄깃한 맛이 매력이다.
매콤한 고추 피클은 입 안의 개운함을 더해 준다.

1. 감자는 사방 1.5센티미터 크기로 네모나게 썬 다음
   찬물에 담갔다가 끓는 소금물에 넣고 반 정도 익으면 건진다.
2. 자숙 문어도 감자와 비슷한 크기로 도톰하게 썬다. 고추피클은 작게 썬다.
3. 달군 팬에 포도씨오일을 두른 뒤
   감자와 소금, 후춧가루, 로즈메리를 넣고 노릇하게 볶는다.
4. 감자가 노릇하게 익으면 문어와 다진 마늘을 넣어
   센 불로 볶다가 불을 끈 뒤 파프리카 파우더를 넣고 섞는다.
5. 바질잎을 잘게 다져 나머지 재료와 고루 섞어 바질 마요네즈를 만든다.
6. 구운 베이글 안쪽에 바질 마요네즈를 펴 바르고 바질잎, 문어와
   감자 볶은 것을 얹은 뒤 잘게 썬 고추 피클을 얹고 베이글로 덮는다.

재료(2인분)

양파 베이글	2개
감자(작은 것)	1개
자숙 문어	40g
고추 피클	4개
다진 마늘	1작은술
파프리카 파우더	1/2작은술
포도씨오일	1큰술
로즈메리	1/2작은술
바질잎	약간
소금·후춧가루	약간씩

바질 마요네즈 재료
바질잎	3장
마요네즈	3큰술
다진 마늘	1/2작은술
후춧가루	약간

🥄 감자를 찬물에 담그는 이유 & 살짝 익혀야 맛나는 자숙 문어

감자를 잘라 찬물에 잠시 담가 두었다 요리하면 전분질이 빠져 요리했을 때 쉽게 으스러지는 것을 막을 수 있다.
자숙 문어는 이미 한 번 익혔기 때문에 살짝만 익혀 맛을 낸다. 자숙 문어는 한 번 먹을 분량으로 잘라 냉동실에 보관했다가 필요할 때 꺼내어 소금물에 해동해서 쓰면 된다.

달걀 두부 샐러드 샌드위치

두부는 사포닌과 몸의 세포막을 형성하는 레시틴이 많이 들어 있어 콜레스테롤 수치를 낮추는 작용을
한다. 필수 아미노산과 칼슘, 철분 등 무기질이 풍부하고 저칼로리에 소화 흡수도 잘 되어 다이어트 건강
식품으로 제격이다. 두부 마요네즈로 만든 달걀 샐러드를 속을 파낸 바게트에 채워 먹는 독특한 모양의
이 샌드위치는 담백하고 부드러운 맛이 특징이다.

재료(2인분)

미니 바게트 …………… 1개
달걀 ……………………… 2개
오이 피클 ………………… 1개
파프리카 ………………… 1/4개
방울토마토 ……………… 3개
아스파라거스 …………… 2개
버터 ……………………… 2큰술
소금·후춧가루·파슬리가루 약간씩
두부 마요네즈 재료
　두부 ……………………… 1/4모
　저지방 마요네즈 ……… 2큰술
　머스터드 ……………… 1/2큰술
　식초 …………………… 1작은술
　소금·후춧가루 ………… 약간씩

1. 달걀은 삶아 큼직하게 썬다.
　오이 피클과 파프리카도 굵직하게 다지고 방울토마토는 1/4등분한다.
2. 아스파라거스는 감자칼로 섬유질을 벗긴 뒤
　3센티미터 길이로 썰어 끓는 소금물에 넣어 데친다.
3. 두부 마요네즈를 만든다. 두부는 칼로 으깨어 면보자기를 이용해
　물기를 짠 다음 볼에 넣고 나머지 재료와 고루 섞는다.
4. 볼에 달걀, 오이피클, 파프리카, 아스파라거스를 넣고 두부 마요네즈를 넣어
　가볍게 버무린 뒤 소금, 후춧가루를 뿌려 간을 한다.
5. 바게트는 5센티미터 길이로 썬 뒤 껍질 부분을 약간 남겨 두고 속을 판다.
6. 바게트 안쪽에 버터를 얇게 고루 펴 바른 뒤 달걀 샐러드를 채워 넣고
　방울토마토를 얹어 장식한다.

🥄 달걀 깨지지 않게 삶기

냉장고에 있던 달걀을 차가운 상태 그대로 삶으면 깨지기 쉬우므로 실온에 잠시 두었다 삶는다. 냄비에 달걀과 물을
자작하게 넣고 소금과 식초를 넣어 삶으면 단백질을 빨리 응고시켜 껍질에 금이 가도 흰자가 흘러 나오지 않는다.
끓기 시작해서 7~8분이 되면 반숙이 되고 12분 정도 되면 완숙이 된다.

1. 오렌지껍질 부분은 강판에 갈거나 가늘게 채 썰어 두고 알갱이는 한 입 크기로 작게 썬다.

2. 파프리카는 큼직하게 다지고 겨자잎은 작게 뜯는다.

3. 볼에 오렌지껍질 간 것, 오렌지 알맹이와 파프리카, 겨자잎, 페타치즈, 페타치즈 올리브오일,
   식초, 바질가루, 소금, 후춧가루를 넣어 가볍게 버무린다.

4. 구운 베이글 안쪽에 마요네즈를 고루 펴 바르고 3의 샐러드를 얹은 뒤 베이글을 덮는다.

🖎 오렌지 고르기 & 손질하기

오렌지는 만져 봐서 묵직하고 배꼽 부분이 큼직하게 파인 것이 좋다. 수입하는 과정에서 건조되는 것을 막기 위해
왁스 코팅이 되어 있는데 뜨거운 물에 5분 정도 담근 뒤 거친 소금으로 문질러 닦으면 왁스가 어느 정도 제거된다.
껍질 부분에서 오렌지 향이 제일 강하게 나기 때문에 껍질을 이용해 쿠키나 머핀 등을 만들면 좋다.

오렌지 페타 샌드위치

엽산과 비타민C가 풍부한 오렌지는 혈압을 떨어뜨리는 기능이 있어 고혈압인 사람에게 이롭다.
오렌지를 생으로 먹으면 엽산을 더욱 효과적으로 섭취할 수 있어 임산부에게 좋다.
상큼한 오렌지와 짭짤한 페타치즈, 고소한 아몬드 스프레드가 어우러진 이 샌드위치는
오렌지 특유의 신선한 맛과 향이 잘 느껴진다.

CHAPTER 06

기타 빵을 이용한 샌드위치

피타빵, 잉글리시 머핀, 화권 등 익숙하지 않은 다양한 문화권의 빵으로 샌드위치를 만들 때는
'그리스의 피타빵 = 올리브와 토마토', '중국의 화권 = 돼지고기' 등
그 나라하면 주로 생각나는 식재료나 양념을 이용해 만들면 실패를 줄일 수 있다.
하지만 인도의 난 대신 토르티아를 이용해 탄두리 샌드위치를 만드는 등
색다른 샌드위치를 도전해 보는 것도 요리하는 즐거움이다.

돼지 안심구이 화권

생강향이 진한 달콤한 간장소스에 돼지 안심을 구워 신선한 파프리카와 고소한 땅콩 겨자소스를 곁들여
낸 담백한 샌드위치이다. 돼지 등심이나 안심은 삼겹살의 두 배, 쇠고기의 열 배나 되는 비타민B1이 들어
있어 피로 회복에 효과가 있다. 지방이 거의 없고 단백질 함량이 높아 다이어트를 하는 사람에게도 좋다.

재료(2인분)

꽃빵	4개
돼지 안심	100g
빨간 파프리카·노란 파프리카	1/2개씩
양파	1/4개
겨자잎	2장
올리고당	1큰술
저지방 마요네즈	1큰술
포도씨오일	1큰술

고기 양념 재료

간장	3큰술
생강즙	1큰술
청주	1/2큰술
후춧가루	약간

땅콩 겨자소스 재료

땅콩	3큰술
저지방 마요네즈	1큰술
머스터드	1/2큰술
식초	1/2큰술
꿀	2작은술
소금	약간

1. 돼지 안심은 얇고 넓적하게 썬 뒤 양념장에 재워 10분 이상 둔다.
2. 파프리카와 양파는 가늘게 채 썰고 겨자잎은 큼직하게 뜯는다.
3. 땅콩 겨자소스를 만든다. 땅콩을 믹서에 넣어 곱게 간 뒤
   나머지 재료와 함께 섞는다.
4. 달군 팬에 포도씨오일을 두르고 돼지 안심을 넣어 굽는다.
   거의 다 익어갈 무렵 올리고당을 넣고 졸이듯 달콤하게 굽는다.
5. 찜통에 꽃빵을 쪄서 반으로 가른 뒤 마요네즈를 바르고
   겨자잎과 파프리카, 양파채 그리고 돼지 안심을 끼운 다음
   땅콩 겨자소스를 얹어낸다.

☜ 돼지 안심 맛있게 활용하기

돼지 안심은 고깃결 반대 방향으로 썰어야 한 입 베어 물었을 때 쉽게 잘린다. 안심은 보통 긴 덩어리로 파는데 6~7센티미터 길이로 토막을 내어 겉면에 올리브오일을 바른 뒤 랩으로 싸서 냉동 보관해 두면 잡채나 탕수육, 돈가스 등의 요리를 할 때 꺼내 쓰기 편하다.

탄두리 토르티아 샌드위치

고단백질인 닭가슴살은 탄수화물과 비타민이 풍부한 감자와 맛과 영양적인 면에서 잘 어울린다. 탄두리
토르티아 샌드위치는 요구르트와 커리로 매콤하게 양념해 구운 닭가슴살을 감자 샐러드, 생야채와 곁들
여 토르티아에 말아 만든다. 같이 곁들여 먹는 매콤한 토마토 핫소스가 포인트이다.

1. 닭가슴살은 포를 떠 닭고기 재움 양념에 20분 이상 재워 둔다.
2. 빨간 파프리카와 보라 양파는 가늘게 채 썬다.
3. 감자는 큼직하게 썰어 소금물에 삶은 뒤 뜨거울 때 으깬 다음
   커리가루, 플레인 요구르트, 마요네즈, 소금, 후춧가루를 넣고 버무린다.
4. 포도씨오일을 넣어 달군 팬에 닭가슴살을 구운 뒤 길쭉한 스틱 모양으로 썬다.
5. 토마토 핫소스를 만든다. 토마토는 씨를 빼고 큼직하게 다지고
   올리브는 얇게 썬 뒤 볼에 나머지 재료와 함께 넣어 가볍게 버무린다.
6. 구운 토르티아 안쪽 면에 3을 펴 바르고
   레터스 상추, 닭가슴살, 보라 양파, 빨간 파프리카를 넣고
   돌돌 말아 먹기 좋은 크기로 썬 다음 토마토 핫소스를 곁들인다.

🥄 닭가슴살 굽는 요령
두툼한 닭가슴살을 구울 때에는 얼마나 구워야 하는지 잘 몰라서 덜 익히거나 너무 구워 퍽퍽해지는 경우가 있다.
이때 간단하게 확인하는 방법이 있는데 나무꼬치로 가운데를 찔러 보아 핏물이 나오면 덜 익은 것이고 맑은 육즙이
나오면 다 익은 것이다. 이 이상 구우면 살이 퍽퍽해진다.

재료(2인분)	
토르티아	4장
닭가슴살	2장
레터스 상추	6장
빨간 파프리카	1개
보라 양파	1/4개
감자(작은 것)	1개
커리가루	1/2작은술
플레인 요구르트	1큰술
저지방 마요네즈	1/2큰술
포도씨오일	1큰술
소금·후춧가루	약간씩

닭고기 재움 양념 재료

플레인 요구르트	1/2통
커리가루	1큰술
칠리파우더	1/2큰술
생강즙	2작은술
다진 마늘	1/2큰술
핫소스	1작은술
레몬즙	1작은술
소금·후춧가루	약간씩

토마토 핫소스 재료

토마토	1개
올리브	5알
핫소스	1큰술
올리브오일	1/2큰술
레몬즙	1작은술
소금·후춧가루·파슬리가루	약간씩

2
3
4
5

수제 소시지 머핀

담백한 돼지 등심에 다양한 향신료를 넣어 만든 홈메이드 소시지 샌드위치로
여기에 들어가는 로즈메리는 소화 흡수를 돕고 세포 활성화에 도움을 준다.
아스파라거스는 피로 회복, 신진대사를 원활하게 돕는 성분이 있어 피부 미용에도 좋다.
다양한 향신재료와 아삭하게 볶은 아스파라거스, 신선한 토마토가 들어가 뒷맛을 산뜻하게 한다.

재료(2인분)

잉글리시 머핀 ····················· 2개
아스파라거스 ···················· 2개
토마토 ···························· 1/2개
체다치즈 슬라이스 ·········· 2장
포도씨오일 ····················· 1작은술
소금·후춧가루 ·················· 약간씩
수제 소시지 반죽 재료
  돼지고기 ······················ 400g
  양파 ···························· 1/2개
  다진 마늘 ····················· 1큰술
  화이트 와인 ·················· 1큰술
  포도씨오일 ··················· 1큰술
  후춧가루 ······················ 1큰술
  우스터소스 ··················· 1큰술
  머스터드 ······················ 2큰술
  전분 ···························· 3큰술
  로즈메리 ····················· $1\frac{1}{2}$작은술
  너트매그 ······················ 1작은술
  소금 ···························· 1작은술

1. 수제 소시지를 만든다. 수제 소시지 반죽 재료를 믹서에 넣어
   곱게 간 뒤 손으로 치대어 머핀 크기보다 크게 동글납작한 모양으로 만든다.
2. 아스파라거스는 감자칼로 섬유질을 벗겨낸 뒤 4센티미터 크기로 썰어
   포도씨오일을 넣어 달군 팬에 소금, 후춧가루로 간해서 센 불에 볶는다.
3. 토마토는 얇게 썬 뒤 씨를 뺀다.
4. 포도씨오일을 넣어 달군 팬에 1의 소시지를 넣어 노릇하게 굽는다.
5. 잉글리시 머핀은 반을 갈라 구운 다음 소시지와 체다치즈, 아스파라거스,
   토마토를 얹어 먹는다.

🖎 수제 소시지 맛나게 만들기

소시지 반죽을 일반 소시지 모양처럼 길쭉하게 만들어 랩으로 사탕 싸듯이 만 다음 찜통에 쪘다가 달군 팬에 구우면
실제 소시지와 비슷하게 먹을 수 있다. 반죽을 덜 할수록 고기 씹히는 맛이 잘 느껴지고 반죽을 많이 할수록 시중
소시지 같은 부드러운 식감이 된다. 반죽 속에 다진 김치나 청양고추, 깻잎 등을 넣어 산뜻한 맛을 더한다.

🖎 홈메이드 우스터소스 만들기

케첩에 쇠고기(또는 닭고기) 육수와 식초, 소금, 간장을 넣고 시큼짭잘한 맛이 나도록 끓인다.

재료(2인분)

피타빵 …………………………… 1개
올리브 …………………………… 10알
방울토마토 ……………………… 8개
양파 ……………………………… 1/4개
셀러리 …………………………… 1대
페타치즈 또는 카망베르치즈 3큰술
페타치즈 올리브오일 ····· 2큰술
겨자잎 …………………………… 4장
치커리 …………………………… 적당량
레몬즙 …………………………… 1큰술
바질 ……………………………… 1/2작은술
저지방 마요네즈 ………………… 2큰술
소금·후춧가루 ………… 약간씩

1. 올리브는 1/2등분하고 방울토마토는 1/4등분으로 자른다.
   양파는 올리브 크기로 큼직하게 썰고 셀러리는 송송 썬다.
2. 볼에 1의 재료와 페타치즈, 페타치즈 올리브오일, 레몬즙, 바질,
   소금, 후춧가루를 넣어 가볍게 버무려 그리스식 샐러드를 만든다.
3. 피타빵을 따뜻하게 데운 뒤 반으로 잘라 속을 벌린 다음
   마요네즈를 얇게 펴 바른다.
4. 3의 안에 겨자잎과 치커리를 깔고 2의 샐러드를 채워 넣는다.

🖋 레몬즙&레몬껍질 활용하기

레몬즙을 짤 때에는 도마에 굴려 말랑거리게 한 다음 반으로 잘라서 짠다. 또는 전자레인지에 20~30초간 돌린
다음 반으로 잘라 짜면 즙이 잘 나온다. 레몬껍질도 훌륭한 요리 재료가 되는데 강판에 갈거나 가늘게 채를 썰어
파스타나 해물요리의 마지막 과정에서 넣으면 개운한 맛을 낼 수 있다. 단 너무 많이 넣으면 특유의 향이 너무
강하니 주의한다.

그리스식 피타 샌드위치

페타치즈가 담겨 있던 올리브오일은 비타민E가 풍부해 노화 방지와 심장병 예방 효과가 좋다.
또 불포화지방산이 다량 함유되어 있어 각종 성인병 예방에 도움이 된다.
이 샌드위치는 페라치즈 올리브오일을 이용해 각종 신선한 야채로 그리스식 샐러드를 만들어
주머니 모양의 납작한 피타빵에 속을 채운 것이다.

포카치아 가지 샌드위치

가지는 수분이 많은 야채로 식물성 오일과 함께 조리하면 리놀레산과 비타민E를 좀 더 효과적으로 섭취할
수 있다. 또 콜레스테롤 수치를 내리고 몸을 차게 하는 성질이 있어 열이 많은 사람에게 특히 좋다. 가지를
토마토소스와 함께 볶아 향긋한 바질소스와 같이 빵에 곁들여 먹는 이 샌드위치는 익은 가지 특유의 달콤
한 맛을 잘 느낄 수 있다.

재료(2인분)

포카치아 ·············· 2인 분량
가지 ······················· 1개
양파 ····················· 1/4개
마늘 ······················· 3쪽
루콜라 ····················· 4장
토마토소스 ············· 4큰술
파르메잔치즈가루 ······ 2큰술
올리브오일 ············· 1/2큰술
포도씨오일 ·············· 1큰술
소금·후춧가루 ·········· 약간씩
바질소스 재료
　바질잎 ················ 10장
　올리브오일 ············ 3큰술
　다진 마늘 ·············· 1쪽분
　땅콩가루 ············· 1/2큰술
　파르메잔치즈 ·········· 1큰술
　후춧가루 ··············· 약간

1. 가지는 크기에 따라 모양 그대로 동글게 썰거나 길게 반을 가른 후 썬다.
   양파는 가지와 비슷한 크기로 네모나게 썰고 마늘은 얇게 편으로 썬다.
2. 바질소스를 만든다. 바질잎을 잘게 다져 나머지 분량의 재료와 함께 섞는다.
3. 포도씨오일을 넣어 달군 팬에 편으로 썬 마늘을 넣어 노릇하게 볶다가
   가지, 양파를 넣고 소금, 후춧가루로 간해서 센 불에 볶는다.
   야채가 숨이 죽기 시작하면 토마토소스를 넣어 볶다가 다 익으면
   불을 끄고 올리브오일을 넣어 가볍게 뒤섞는다.
4. 포카치아에 바질소스를 얇게 발라 그릴이나 오븐 토스터에 2~3분간 굽는다.
5. 4의 포카치아 위에 가지볶음과 루콜라를 얹고 파르메잔치즈가루를 뿌려낸다.

🥄 신선한 생바질로 만드는 바질소스

바질소스는 생바질과 견과류, 올리브오일, 파르메잔치즈를 넣어 만든 소스로 파스타나 피자, 샐러드에 주로 쓰인다.
고기와도 잘 어울려 양갈비 요리에도 활용된다. 생바질 잎을 구하기 힘들다면 대형마트나 백화점에서 병제품으로
파는 바질 페스토소스를 사용한다.

오이 민트 프레즐

오이는 이뇨 작용을 하기 때문에 체내 노폐물 배출에 효과가 있다. 비타민C가 특히 많아 피부 미용에 좋고 수분이 수박보다 많아 갈증 해소, 수분 섭취에 효과적이다. 민트는 특유의 달콤하고 시원한 향이 신경을 안정시킨다. 다진 오이와 민트를 크림치즈와 섞어 프레즐에 바른 샌드위치는 담백하면서도 개운한 맛이 느껴진다.

재료(2인분)

프레즐	2개
오이	1/4개
양파	1/4개
민트잎	3줄기
크림치즈	$2\frac{1}{2}$큰술
플레인 요구르트	2작은술
소금·후춧가루	약간씩

1. 오이와 양파는 큼직하게 다져 소금을 뿌린 뒤 물이 나오면 손으로 물기를 꼭 짜낸다.
2. 민트잎은 큼직하게 다진다.
3. 볼에 크림치즈를 넣고 잘 풀어 준 뒤 오이와 양파, 플레인 요구르트를 넣고 소금, 후춧가루로 간한다.
4. 프레즐은 따뜻하게 구운 뒤 반으로 가르거나 두툼한 부분에 칼집을 넣는다.
5. 프레즐 안쪽 면에 3의 스프레드를 고루 바른다.

재주 많은 허브, 민트

민트는 작은 화분으로도 많이 팔고 대형마트에서도 쉽게 구할 수 있는 허브다. 레몬과 함께 탄산수에 넣어 마시거나 각종 디저트의 장식으로 쓸 수 있다. 생잎을 씹으면 입냄새 제거에도 효과가 있으며 말린 뒤 뜨거운 물을 부어 허브 티로 즐기거나 방에 걸어 두어 천연 방향제로 쓸 수 있다.

2
3
5
From flavourful fren
dinner table by ser

다크 초콜릿 바나나 샌드위치

쌉쌀한 다크 초콜릿과 구워서 더욱 달콤해진 바나나와 고소한 땅콩 맛이 어우러진 샌드위치이다.
다크 초콜릿은 카카오를 43퍼센트 이상 함유한 초콜릿을 말하는데 항산화 성분인 폴리페놀이 풍부해
각종 성인병 예방에 도움이 된다. 하지만 단맛이 거의 없고 쓴맛이 강하기 때문에
바나나와 땅콩을 곁들여야 달콤하고 고소한 맛을 같이 즐길 수 있다.

1. 볼에 우유와 다크 초콜릿을 넣고 중탕으로 가열하면서 녹인다.

2. 바나나는 얇게 썬 뒤 레몬즙을 뿌린다.

3. 땅콩은 큼직하게 다진다.

4. 크루아상은 반을 가른 뒤 1의 초콜릿을 펴 바르고 바나나와 다진 땅콩을 얹는다.

5. 4를 그릴이나 오븐 토스터에 살짝 구워 바나나가 익으면 꺼내 계핏가루를 뿌린다.

🍯 다크 초콜릿시럽 만들기

다크 초콜릿을 중탕할 때 우유의 양을 좀 더 늘려 묽은 상태로 만든 뒤 무염버터를 1작은술 넣으면 다크 초콜릿시럽이 된다. 아이스크림이나 팬케이크 등 각종 디저트를 먹을 때 곁들이면 진한 초콜릿의 맛을 낼 수 있다. 달콤한 맛을 원한다면 향이 진한 꿀보다는 무향의 올리고당을 넣는다.

믿고 살 수 있는 친환경 매장

현재 국내 친환경 농산물의 인증은 국립농산물품질관리원에서 '저농약', '무농약', '전환기', '유기농' 네 종류로 구분하여 시행하고 있다. 저농약이란 유기합성농약과 화학비료는 기준 사용량의 2분의 1을 사용하되 제초제는 전혀 사용하지 않고 재배한 것을 말하며, 무농약이란 화학비료를 기준량의 3분의 1을 사용하되 유기합성농약과 제초제는 사용하지 않고 재배한 것을 말한다. 전환기란 무농약 재배를 시작한 후 유기농 인증을 받기 전까지 이행 기간 중 재배한 것을 말하고, 유기농이란 일정 기간 화학비료와 유기합성농약을 사용하지 않고 재배한 것으로 식품첨가물을 넣지 않고 유전자조작 식품이 아닌 것을 가리킨다. 대표적인 친환경 매장에는 어떤 곳이 있는지 생활협동조합과 전문매장, 직거래 매장으로 나누어 소개한다.

생활협동조합

소비자가 조합원으로 가입하여 함께 운영하는 형태로 일정 출자금과 조합비를 납부해야 이용할 수 있다. 대부분 인터넷으로 주문할 수 있고 일주일에 1회 배송되므로 홈페이지를 참고한다. 곡물, 채소, 과일, 축산물, 장·양념, 반찬 등의 기본 품목은 모든 생협이 비슷하지만 가공식품이나 생활용품 등은 각 생협마다 조금씩 다르다.

한살림
02-3498-3600 www.hansalim.or.kr

한살림은 한 집에서 살림하듯 더불어 살자는 뜻. 가입비와 출자금을 내고 조합원으로 가입하면 제품을 구입할 수 있다. 100퍼센트 국내산을 판매하는 것을 원칙으로 한다. 생명, 생태, 공동체를 기치로 한살림 운동을 전개한다.

- **매장** 서울·경기 11곳, 기타 지역 60곳
- **방법** 지역생협 조합원으로 가입한 뒤 출자금과 가입비 납부(지역마다 회원 가입 절차가 약간씩 다름)
- **배송** 지역매장별 주 1~2회 공급(주문 마감일 제도)
- **품목** 기본 품목 + 두부·어묵·묵 / 수산·건어물 / 떡·빵·잼 / 면·만두·피자 / 건강식품·꿀 / 차·음료·유제품 / 과자·빙과 / 화장품 / 생활용품

한국생협연대
1577-0178 www.icoop.or.kr

지역주민운동으로 출발한 부평생협을 모태로 1997년 경인지역생협연대를 출범한 뒤 현재 한국생협연구소를 비롯해 지역생협활동을 지원하기 위한 생협연합회와 유기농 도매시장을 운영한다.

- **매장** 서울 8곳, 경기 16곳, 기타 지역 41곳
- **방법** 지역생협 조합원으로 가입한 뒤 출자금과 조합비 납부(지역마다 조합비와 가입 절차가 약간씩 다름)
- **배송** 매일 오후 11시 주문 마감 뒤 3일 내 배송
- **품목** 기본 품목 + 신선 가공식품 + 차·음료 / 수산물 / 간식거리 / 건강식품 / 면·만두 / 건재 / 친환경 생활용품

두레생협연합회
02-3283-7290 www.dure.coop

'생협수도권연합회'를 모태로 출발. 2004년 '지역생명운동'이라는 새로운 정체성을 확립하고 '두레생협'으로 개칭했다. 생산이력시스템을 갖추고 있어 각 상품의 생산지, 생산자, 생산과정을 확인할 수 있다.

- **매장** 서울 12곳, 경기 29곳
- **방법** 지역생협에 가입한 뒤 출자금과 가입비 납부
- **배송** 지역 매장별 주 1회 공급(주문 마감일 제도)
- **품목** 기본 품목 + 가공식품 / 일일식품 / 차·음료 / 건강식품 / 생활용품 / 여름 기획 / 수산·건어물

정농생협
02-404-6247 www.jungnong.com

농민들의 모임인 정농회가 기반이 되어 운영되는 생활
협동조합. 우리나라 조직적 유기농법 실천의 첫 출발
점. 기존 4단계 인증을 넘어 물품에 따라 6~8단계로 기
준 설정(비닐 멀칭, 퇴비의 질, 질산염, 종자, 경력 등을
종합적으로 고려).

- **매장** 서울 5곳
- **방법** 조합원으로 가입한 뒤 출자금과 가입비 납부(기
  본 교육 이수해야 함)
- **배송** 주 3회 공급(주문 마감일 제도)
- **품목** 기본 품목 + 두부 · 어묵 / 면 · 간식 / 가루음식 ·
  떡국 / 차 · 음료 / 건강보조식품 / 생활용품 /
  화장품 / 천연염색 / 수산 · 건어물

콩세알을 심는 농부(풀무생협)
070-7764-9283 www.kongseal.com

6백여 명의 친환경 생산자가 주축이 되어 만든 온라인
유기농 유통매장. 오프라인 매장은 없다. 일반회원으로
가입한 뒤 이용할 수 있다. 생산지가 홍성군 홍동면 일
대에 밀집되어 있다.

- **매장** 없음
- **방법** 일반회원으로 가입한 뒤 이용 가능
- **배송** 당일 오후 10시까지 입금 확인 뒤 2일 내 배송
- **품목** 기본 품목 + 가루식품 / 간식 · 면 / 차 · 음료 /
  건강식품 / 환경생활용품

여성민우회생협
02-581-1675 www.minwoocoop.or.kr

한국여성민우회가 주체로 농업 · 환경 · 지역 살리기 활
동을 펼쳐 왔다. 지역주민과 조합원을 대상으로 환경, 친
환경 소비, 식품안전, 요리, 건강 등 강좌와 생산지 견학
및 요리, 노래, 책읽기, 영화, 생태목공 등 소모임, 생산자
1일 점장제, 여성생산자, 소비자 교류회 등을 운영한다.

- **매장** 서울 · 경기 12곳, 기타 지역 1곳
- **방법** 조합원으로 가입한 후 출자금과 가입비 납부
- **배송** 주 1회 공급(주문 마감일 제도)
- **품목** 기본 품목 + 우리밀제품 / 건강식품 / 차 · 음료 /
  수산 · 건어물 / 환경생활용품

인드라망생협
02-576-1882 www.budcoop.com

도농 공동체운동을 통한 도시와 농촌의 친환경농산물
직거래를 구상하고 불교귀농학교를 수료한 동문들이
전국 각지에서 생산한 생산물을 공급한다.

- **매장** 전국 사찰 4곳
- **방법** 조합원으로 가입한 뒤 출자금과 가입비 납부
- **배송** 월요일 주문 마감 / 매주 목요일 발송
- **품목** 기본 품목 + 일일식품 / 우리밀제품 / 수산물 /
  간식 / 친환경생활용품 / 건강식품

환경운동연합 ECO생협
02-733-7117 www.ecocoop.or.kr

2002년 환경운동연합 주최로 생협위원회를 발족한 뒤
종로에 첫 매장을 열었다. 소비자와 유기적으로 결합하
기 위한 생산자회를 운영하고 조합원이 참여하여 생산
자와 직접 대면해 생활재를 검증하는 자주인증제도와
자주감사제도가 있다.

- **매장** 서울 4곳
- **방법** 조합원으로 가입한 뒤 출자금과 가입비 납부(서울
  거주자에 한함), 지역 매장별 주 1회 공급(주문 마감
  일 제도)
- **품목** 기본품목 + 가공식품 / 일일식품 / 차 · 음료 /
  건강식품 / 생활용품 / 여름기획 / 수산 · 건어물

유기농 유통전문매장

생활협동조합과는 조금 다르지만 다양한 친환경 상품을 많은 지역 매장에서 만날 수 있다. 여러 가지 참여활동
을 벌여 소비자가 쉽게 유기농을 접할 수 있다.

무공이네
02-441-8266 www.mugonghae.com

직거래 장터와 매주 수요일에 진행하는 번개 장터는 이
곳만의 특징. 유통기한이 얼마 남지 않은 상품을 깜짝 세
일해 저렴한 가격에 구입할 수 있다. 온라인 매장을 통해
오전 10시까지 주문하면 당일 배송된다. 서비스나 배송
문제, 상품파손 시 100퍼센트 환불을 원칙으로 한다.

- **매장** 전국 직영점 20여 곳 / 가맹점 11곳 / 농협 아침
  마루 입점

- **방법** 일반회원 / 로하스 회원(가입비와 월회비 납부 시 할인율 적용)
- **배송** 서울·경기 일부는 당일 배송 / 그 외는 익일 배송
- **품목** 기본 품목 + 간식·면 / 건강식품 / 차·음료 / 생활잡화 / 여성 / 문구·완구

초록마을
080-023-0023 www.hanifood.co.kr

초록마을 인터넷 사이트와 전국 2백여 초록마을 매장을 통해 국내에서 생산되는 친환경 유기농 식품 및 환경생활용품, 주류 등을 판매한다. 100퍼센트 국내산 제품만을 취급한다.

- **매장** 서울 46곳, 경기 50곳, 기타 직영점 111곳 / 가맹점 50여 곳
- **방법** 일반회원으로 가입한 뒤 구매 가능
- **배송** 일반물품은 주문 뒤 익일 배송, 저온물품은 주문 이틀 뒤 배송
- **품목** 기본 품목 + 건강식품 / 간식·면 / 차·음료 / 생활용품 / 수산·건어물

유기농 녹색가게 신시
1644-6279 www.shinsi.com

(주)녹색세상의 유기농 유통 사업기구. 신시 매장을 시작으로 생태마을, 녹색문화사업, 출판문화사업 등을 운영하고 있다. 생산지 탐방 프로그램, 생태, 건강, 육아, 교육 등 다양한 분야의 정보 수록. 해외 유기농도 취급한다.

- **매장** 서울·경기 35곳, 기타 지역 80곳
- **방법** 일반회원으로 가입한 뒤 이용 가능
- **배송** 주 3회 공급(주문 마감일 제도) / 서울·경기 지역은 당일 배송
- **품목** 기본 품목 + 우리밀제품 / 차·음료 / 건강식품 / 간식 / 생활용품 / 수산·건어물

올가
080-596-0086 www.orga.co.kr

ORGANIC의 앞 네 글자를 줄인 '올가'는 풀무원에서 운영한다. 순수 한우, 아토피 전용 식품, 친환경 소재 생활용품 취급. 백화점과 대형할인마트 내 매장 운영, 체험상품, 산지체험 프로그램 운영, 매월 총매출액의 0.1퍼센트를 지구사랑기금으로 기부한다.

- **매장** 서울·경기 직영점 9곳, 전국 입점 매장 26곳(롯데백화점 등)

- **방법** 일반회원으로 가입한 후 구매 가능
- **배송** 서울·경기 지역 당일 배송 / 그 외 익일 배송
- **품목** 기본 품목 + 차·음료 / 건강식품 / 간식·면 / 수산·건어물 / 생활용품

유기농 미생채
02-3667-3691~3 www.misaengchae.com
www.healgreen.com

(주)GMF에서 운영하는 친환경 농산물 전문 유통점. 농민과 1천 여 명의 약사들이 참여. 뉴질랜드의 유기농 전문기업인 허클베리팜스&힐그린 또한 미생채가 운영한다. 아토피 등 건강제품에 강하다.

- **매장** 미생체–전국 19곳, 힐그린–전국 7곳
- **방법** 일반회원으로 가입한 후 구매 가능
- **배송** 전일 오후 5시 30분까지 주문 뒤 익일 배송
- **품목** 기본 품목 + 화장품·바디용품 / 허브·아로마 / 아토피 / 유기농의류

한마음 유기농 쇼핑몰
0505-625-6245 www.yuginong.co.kr

호남 최초의 유기농업 단체인 한마음공동체가 주최. 한마음자연학교, 생태유치원, 장성여성농업센터 등도 운영한다. 지역생산자 조직 및 공동체 물류센터를 갖추고 있다.

- **매장** 전국 56곳
- **방법** 일반회원으로 가입한 뒤 구매 가능
- **배송** 입금 확인 뒤 당일 배송
- **품목** 기본 품목 + 음료·차 / 건강식품 / 간식·면 / 환경생활용품 / 자연요법용품 / 수산·건어물

유기농 스토리
02-3426-6204 www.organic-story.com

국내 최초의 유기농 수입식품 전문점. IFOAM 소속체의 국제 유기농 인증을 받은 제품을 취급한다. 산모 회원 가입시 5퍼센트 할인제를 실시한다.

- **매장** 전국 백화점 수입식품 코너 및 유기농식품 코너 (현대, 신세계, 롯데 등)
- **방법** 인터넷은 일반회원 및 비회원 구매 가능
- **배송** 입금 확인 뒤 익일 배송
- **품목** 해외 유기농 가공식품 조미료·소스 / 음료수 / 면류 / 건과·무슬리 등

유기농 직거래

생산자가 직접 운영하는 친환경 쇼핑몰 모음

팔당생명살림 팔당올가닉후드
031-576-1771 www.paldangfood.com

유기가공식품회사, 유기농업농가, 소비자, 한국여성민
우회생협, 와부농협 등이 공동으로 출자하여 설립. 팔
당의 영농조합 농민들이 만들어 믿을 수 있고, 서울에
서 가까운 팔당의 유기농산물을 직접 팔당공장에서 가
공한다. 빵, 쿠키, 케이크, 잼, 반찬, 효소가 주요 제품.

아미마운트
063-652-0453 www.amimount.com

산지에서 농부가 직접 보내기 때문에 신선하고 안전하
다. 과일, 채소, 곡물, 기타 건강식품들을 판매하고 농
촌관광 및 체험활동도 신청할 수 있다.

아피스
031-460-8888 www.affis.net

농림수산식품부 산하기관인 한국농림수산부의 주관으
로 이루어진 농민 직거래 온라인 장터. 농산물 임산물,
축산물, 전통가공식품 등을 판매하며 식재료와 관련된
다양한 정보를 알 수 있다. 회원 가입 후 물건을 구입할
수 있으며 배송비는 무료다.

영양장터
054-683-0689 www.yygmarket.com

전라남도 영암군에서 생산한 제품을 생산지 가격 그대
로 구입할 수 있는 곳. 고추, 야콘, 기타 농산물을 생
산·판매한다. 농촌체험 프로그램 진행.

한농유기농마을
033-333-3999 www.hannongfarm.co.kr

지구환경회복운동 돌나라 한농복구회 산하 국내 10개
지부 가운데 하나이다. 농산물과 자연방사유정란을 생
산·공급. 야콘즙, 솔환, 케일분말 등 농가공식품과 숯
을 이용한 건강용품도 판매한다.

두물머리농장 대지향
054-843-0501 http://www.dumul.com

두물머리농장에서 직접 재배한 유기농산물을 주원료로
야채효소 '대지향'을 생산한다. 탄산음료와 수입 오렌지
주스에 맞서 우리의 유기농 음료를 모두가 저렴하게 마
실 수 있다. 딸기따기 체험 행사를 매년 실시한다.

나에게 맞는
유기농 가게 찾기

채식인이라면?

육식에 입맛이 젖은 사람들도 채식으로 식습관을 바꾸는 데 어려움이 없도록 콩과 글루텐(밀)을 사용해서 채식고기를 만든 제품과 달걀, 동물성 원료, 화학조미료, 방부제가 들어가지 않는 순수한 채식 웰빙 먹을거리를 제공한다.

베지푸드 www.vegefood.co.kr / 해바라기 ww.62nong.org
베지월드 www.vegeworld.net / 채식사랑비즌 www.vegn.co.kr
베지랜드 www.vegeland.com / 베지테리아 vegeteria.co.kr

직접 보고 사야 안심된다면?

온라인에서 직접 사는 것은 믿을 수 없다. 지역 매장에서 꼼꼼히 살펴보고 장을 보는 세심형이라면 살고 있는 지역에서 가까운 곳에 친환경 매장이 있는지 살펴본다.

- 한국생협연대, 한살림, 두레생협, 정농생협, 여성민우회생협, ECO생협
- 무공이네, 초록마을, 올가, 미생채, 한마음유기농쇼핑몰, 유기농 녹색가게 신시, 유기농 스토리, 온라인 유기농도매센터, 총각네 야채가게

싱글에게 딱 좋은 매장은?

싱글은 적은 양을 파는 곳이 딱 좋다. 한번 장을 보면 냉장고에 넣어 오래 두고 먹는 이에게 소량 포장으로 판매하는 친환경 매장을 추천한다.

무공이네 www.mugonhae.com / 힐그린 www.haelgreen.com
농군마을 www.canaanmall.com / 이팜 www.efarm.co.kr
미생채 www.misaengchae.com / 올가 www.orga.co.kr

아이가 있는 집이라면?

아이가 있는 곳은 더더욱 먹을거리, 입을거리, 생활용품에 신경 쓰게 마련이다. 먹을거리뿐만 아니라 아이에게 필요한 각종 분유, 이유식, 기저귀, 유아화장품, 장난감 등 친환경물품을 판매하는 곳을 소개한다.

유기스토어 www.62store.com / 신시 www.shinsi.com
해가온 www.hegaon.com / 힐그린 www.healgreen.com
미생채 www.misaengchae.com

구입하는 것으로만 만족 못해!

생태환경운동에 관심이 있고 소비자와 생산자의 건강한 관계를 꿈꾸는 분들에게 생활협동조합을 추천한다. 조합원 신분으로 생산과 유통 과정에 함께 참여할 수 있으며 소비자인 조합원이 농산물의 품질을 인증하는 '자주인증제도'를 시행하는 곳도 있다. 보통 조합원들에게 다양한 교육과 활동을 제공한다.

두레생협 www.dure.coop / 한살림 www.hansalim.or.kr
아이쿱생협연대 www.icoop.or.kr
여성민우회생협 www.minwoocoop.or.kr

산지체험에 가고픈 활동형

생산지 탐방과 주말농장, 논농사 체험 같은 생산 과정에 함께하거나 정월대보름, 단오, 가을걷이 등 절기별 축제를 하는 곳이다. 요리, 생태목공, 건강과 관련된 교육강좌와 지역회원 모임도 진행한다.

두레생협 www.dure.coop / 콩세알 www.kongseal.com
여성민우회생협 www.minwoocoop.or.kr
인드라망생협 www.budcoop.com / 신시 www.shinsi.com
무공이네 www.mugonhae.com / 올가 www.orga.co.kr
한마음공동체 www.yuginong.co.k
한살림 www.hansalim.or.kr

아토피 벗어던지고파~

대개 친환경 매장은 먹을거리가 중심이지만 매끈한 피부와 건강한 몸을 가꾸고 싶은 몸짱형을 위한 건강 용품 및 생활용품이 많은 곳도 있다.

미생채 www.misaengchae.com
웰빙지기 www.wbzigi.co.kr / 신시 www.shinsi.com
여성민우회생협 www.minwoocoop.or.kr

유기농 전문 베이커리 어디에 있을까?

요즘에는 유기농 전문 베이커리도 생겨나고 기존의 베이커리 숍에서도 쌀가루, 호밀, 통밀 등을 이용한 새로운 건강빵이 계속 만들어지고 있다.

뺑드뺍바 02-543-5232

유기농 밀가루와 천연 효모, 농장에서 직접 공수한 제철 과일과 야채를 이용해 만든 유럽식 빵과 수제 잼을 판매하고 있다. 병원에서 아토피 환자나 밀가루 알레르기 환자들에게 추천하는 가게이기도 하다.

자연드림 베이커리 02-333-1837

생협연대에서 공동출자해 만든 자연드림 베이커리는 갓 빻은 우리밀과 유기농 재료를 쓴 것이 특징으로 각종 건강빵과 쿠키 등 다양한 제품을 만들고 있다.

한살림 빵 이야기 031-718-3358

분당에 위치한 한살림 빵 이야기는 한살림에서 공급하는 재료와 유기농 설탕을 이용해 매일매일 신선한 빵과 케이크를 만든다. 우리밀에 찹쌀을 넣어 쫄깃한 맛이 일품인 꽈배기처럼 우리 입맛에 맞춘 빵도 선보이고 있다.

스티키핑거스 02-542-9724

달걀, 유제품을 전혀 사용하지 않는 스티키핑거스는 콩 성분과 유기농 사탕수수당으로 단맛을 낸 빵과 쿠키, 케이크 제품이 특징이다.

아마폴라 02-517-7747

유기농 밀가루로 빵과 케이크를 만드는 아마폴라는 유기농 재료로 만든 호밀빵이 특히 유명하다.

테이크어반 02-512-7978

웰빙을 콘셉트로 만든 카페 테이크어반은 유기농 재료로 만든 건강빵과 유기농 커피를 즐길 수 있는 공간으로 빵 제품은 테이크아웃용으로도 판매한다.

치즈 전문숍

갠드코리아(www.gand.co.kr 02-333-0760)
앤치즈(www.ncheese.com 02-544-7721)
이딸꼬레(www.italcore.com 02-3272-5866)
더치즈(www.thecheese.kr 031-974-0480)

빵과 자연의 어울림

브런치&샌드위치 40가지

펴낸날	초판 1쇄 2009년 6월 10일
	초판 6쇄 2013년 11월 7일

지은이	김보선
펴낸이	심만수
펴낸곳	(주)살림출판사
출판등록	1989년 11월 1일 제9-210호

주소	경기도 파주시 문발동 522-1
전화	031-955-1350 팩스 031-624-1356
홈페이지	http://www.sallimbooks.com
이메일	book@sallimbooks.com

ISBN   978-89-522-1145-3   13590

※ 저자와의 협의에 의해 인지를 생략합니다.
※ 잘못 만들어진 책은 구입하신 서점에서 바꾸어 드립니다.